西点师成长
必修课程系列

西点烘焙制作

（增订版）

U0386136

新东方烹饪教育
组编

中国人民大学出版社
·北京·

Jam
Jam

序言

西点，不管是对男生还是女生而言，都有一种令人无法抵挡的甜蜜诱惑力。当美味的西点散发出浓郁而香甜的味道时，人们的口水会忍不住流下来，而那些既萌又可爱的造型，更是令人爱不释手。在惬意的午后，如果能够吃上一块可口的甜点，那该是多么美的享受啊！于是有人买来简单的西点制作设备和原材料，想亲手制作出美味的点心。可是，“为什么我烤的戚风蛋糕表面总是有裂纹？感觉不太完美啊！”

其实，烘焙的门槛并不高，只需要将简单的西点原料合理配比，并经过一系列操作，就能够做出美味的蛋糕、面包等，只不过烘焙又像变魔法一样，除了要认真、用心和热情，还必须要加上专业西点师传授的“魔法技巧”，才能让烘焙爱好者轻松成为烘焙高手。

新东方烹饪教育作为国内权威教育机构，为了帮助更多的烘焙爱好者轻松自学烘焙，体验西点带来的美好时光，组织专业师资团队编写了本书。本书内容丰富、图文并茂，以通俗的语言讲述了各类专业西点的制作步骤和操作技巧，并按照步骤配备了清晰图片。烘焙爱好者只要跟着做就能成功，便可掌握制作“魔法”，成功升级为烘焙达人。

你还在等什么，快来和我们一起动手制作美味的西点吧！

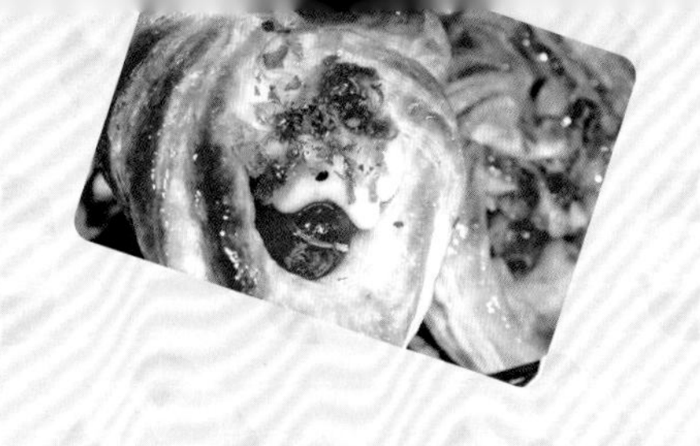

目 录

基本
技法篇

蛋糕篇

面包篇

小西点篇

巧克力装饰篇

基本
技法篇

工具与材料

玻璃碗

用于盛放面粉和水。

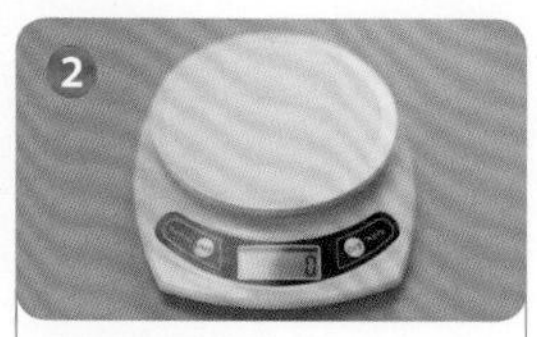

电子克秤

用于称量原料，精确到单位克。

白刮板

主要用于切割面团、清理桌面等。

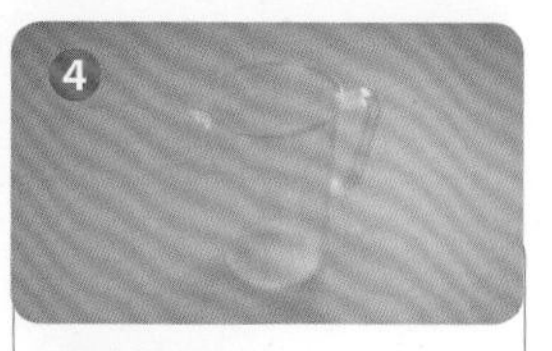

塑料量杯

用于称量液体重量，有刻度，一般多为透明塑料材质。

湿毛巾

一般使用白色，盖在面团上，防止面团风干。

网筛

多为不锈钢材质，用于过筛面粉及其他粉类，有大、中、小型号。

擀面杖

一般为木质，用于擀薄面团。

菠萝印

主要用于菠萝面包的成型。

高筋粉

蛋白质含量为 12.5%~13.5%，色泽偏黄，颗粒较粗，不容易结块，比较容易产生筋性。适合制作面包、比萨等有嚼劲的点心。

低筋粉

蛋白质含量为 8.5% 左右，色泽偏白，颗粒较细，容易结块。适合制作蛋糕、饼干等。

中筋粉

即普通面粉，是介于高筋粉和低筋粉之间的一类面粉。蛋白质含量为 8.5%~12.5%，一般用于制作馒头、包子、整形饼干等。练习基本功时常使用中筋粉。

菠萝皮制作材料

低筋粉

因蛋白质含量低、颗粒较细，比较适合制作蛋糕、饼干等。

鸡蛋

富含蛋白质，蛋黄中的卵磷脂在饼干中起乳化剂作用。

糖粉

呈白色粉末状，容易溶化，常用于饼干的制作。

黄油

又称奶油，由牛奶提炼而成，色泽微黄，有淡淡的奶香味。

面包成型基本技法

搓条

◎ 材料

中筋粉 500 克，水 250 克

◎ 必备工具

电子克秤　玻璃碗　湿毛巾　白刮板

小提示

和面时注意使用搓擦手法，搓的条要粗细均匀。

→制作过程

1. 将已经称量好的中筋粉放在案板上，中间开窝。
2. 放入已经称量好的水。水可以预留一部分，用于调节面团软硬度。
3. 把水和中筋粉慢慢搅拌糅合在一起，拌匀成团，用搓擦的手法揉至面团表皮光滑。
4. 盖上湿毛巾让面团松弛 10 分钟，使面筋得到舒展。
5. 松弛后的面团。
6. 把松弛好的面团搓成粗细均匀的长条，在搓条的过程中可以让面团再松弛一会。

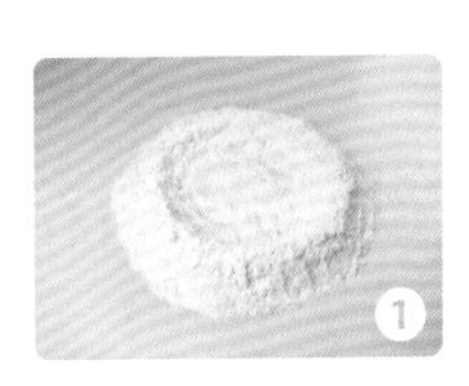

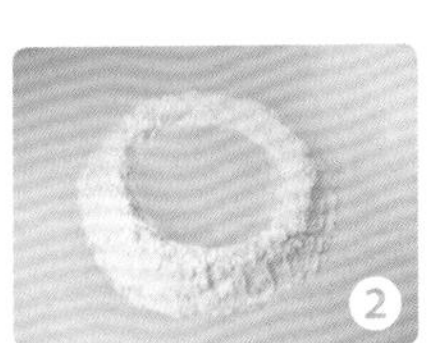

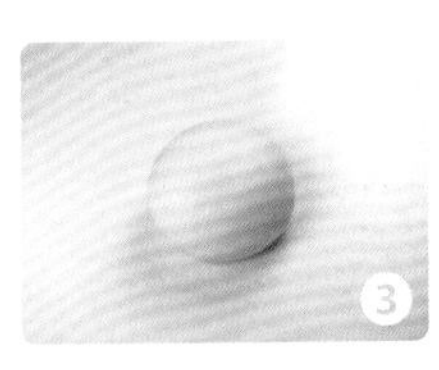

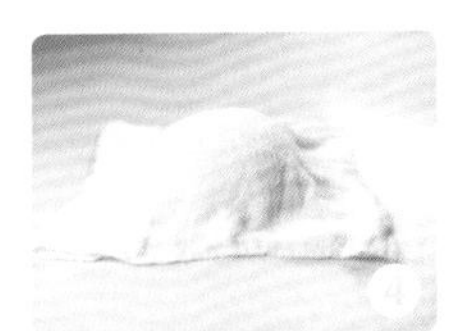

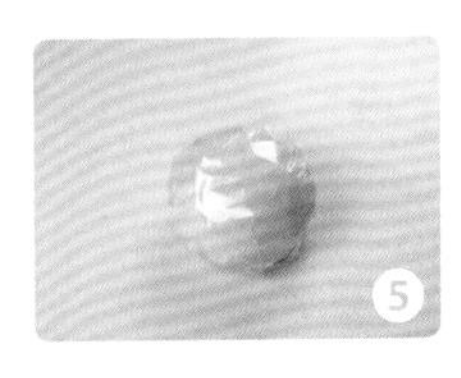

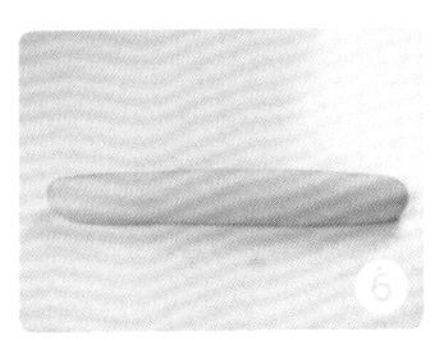

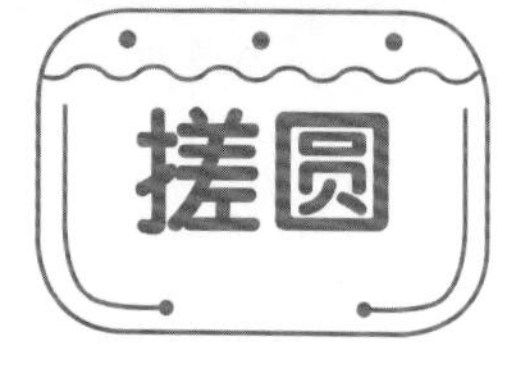

◎ 材料

中筋粉 500 克，水 250 克

◎ 必备工具

电子克秤　玻璃碗　湿毛巾　白刮板　网筛

•小提示•

和面时要注意和面的方法，搓圆时要注意力度。

→制作过程

1. 将过筛的中筋粉放于案板中，倒入适量的水，用单手揉或者双手揉的方式使原料成团。
2. 把已经揉好的面团松弛 10 分钟。
3. 把已经松弛好的面团搓成粗细均匀的长条。
4. 左手拿长条面团，右手下剂，并把每一个剂子摆放整齐。
5. 取一个剂子，手掌弓起，压住面剂，朝一个方向滚动面团。
6. 直至把剂子揉成表面光滑、挺立，底部有旋涡时为止。

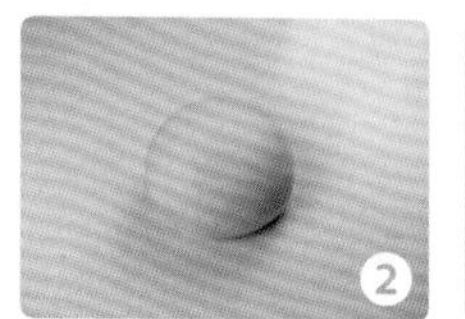

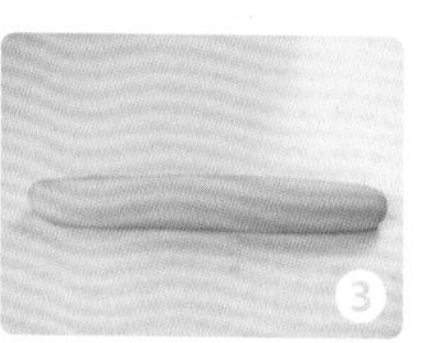

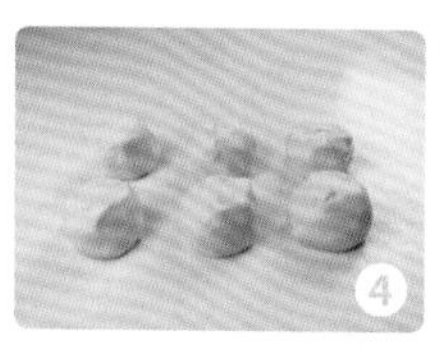

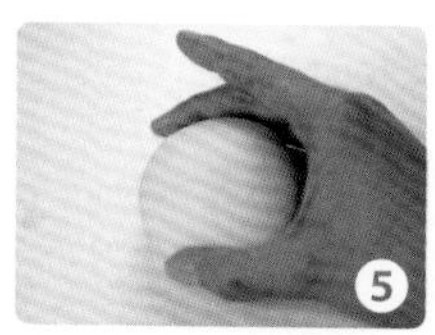

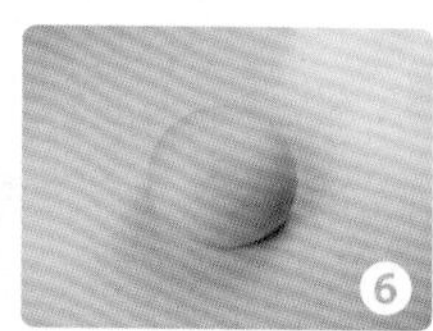

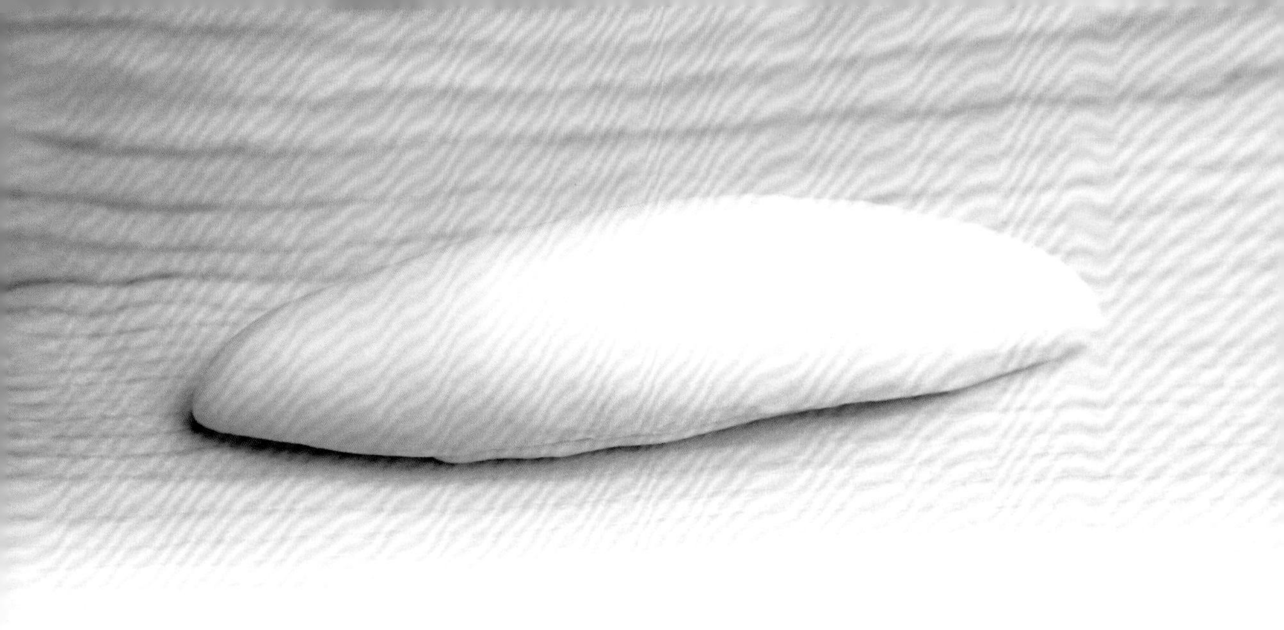

橄榄形

◎ 材料

中筋粉 500 克，水 250 克

◎ 必备工具

电子克秤　玻璃碗　湿毛巾　白刮板　网筛

小提示

要注意橄榄形的成型手法。

→制作过程

❶ 取已经称量好的中筋粉用网筛过筛后，和称量好的水拌匀揉成光滑的面团。

❷ 揉好的面团醒置 10 分钟左右，直接搓成粗细均匀的长条，下剂大小均匀。

❸ 取一个小剂，手掌弓起，压住面团，按一个方向把面团揉成光滑挺立的圆。

❹ 取一揉好的圆面团，用手掌压扁，再用擀面杖把面团擀成牛舌状，要薄厚均匀。

❺ 把擀好的面团翻面后，压薄底边，这样做是为了使接口处更好地黏合。

❻ 把面团从上往下扣成橄榄形。

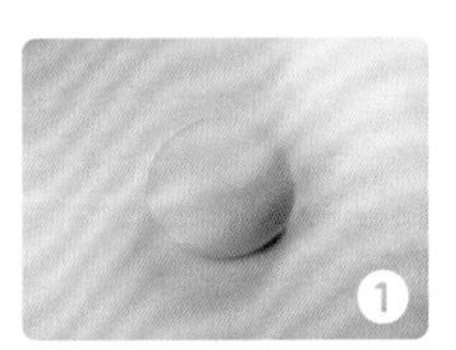

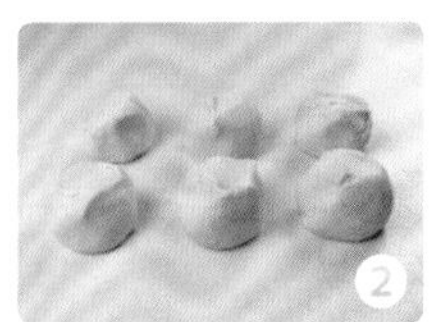

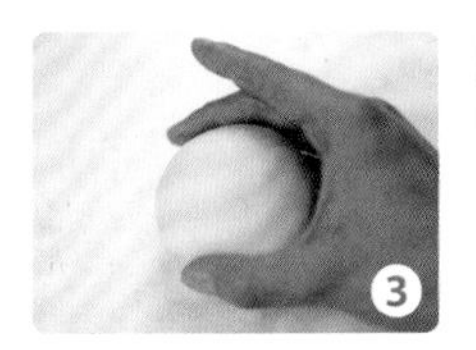

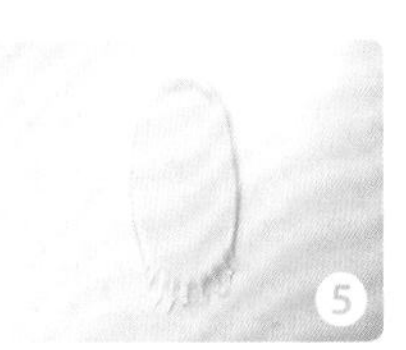

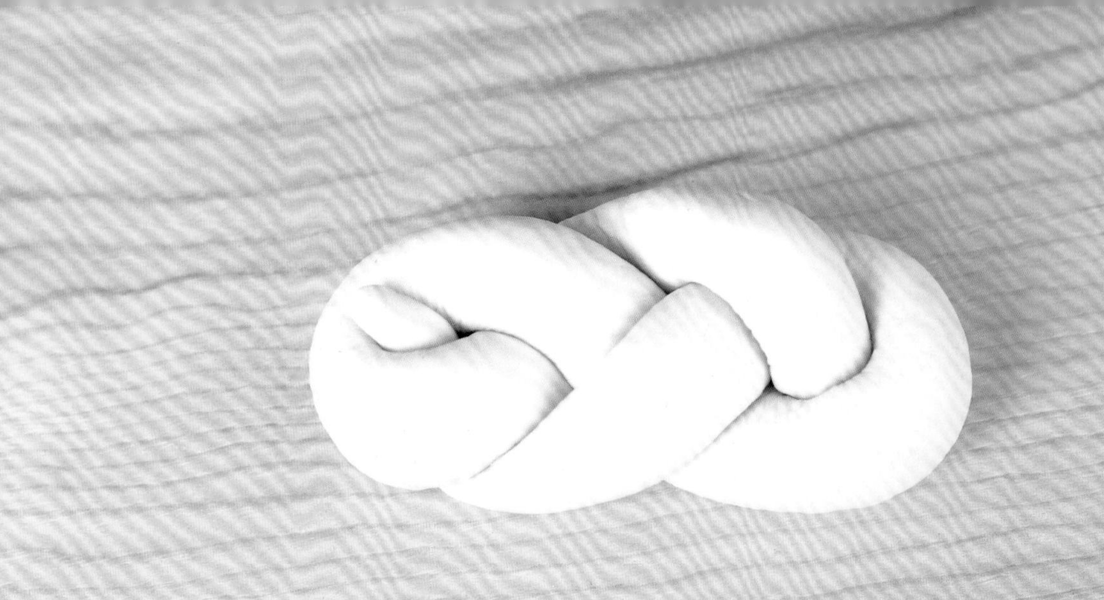

一股辫

◎ 材料

中筋粉 500 克，水 250 克

◎ 必备工具

玻璃碗　湿毛巾　白刮板　擀面杖　电子克秤

•小提示•

编辫子包时，搓条要粗细均匀。

→ 制作过程

❶ 先把分割好的剂子揉圆。

❷ 搓成粗细均匀的长条。

❸ 将搓好的长条摆成数字“6”的样子。

❹ 将上面的部分穿过“6”的圈中。

❺ 把圆圈部分扭 180°。

❻ 把穿过圈中的那一端从上方塞入圆圈中。

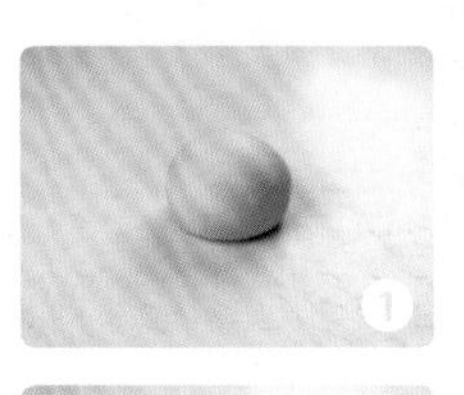
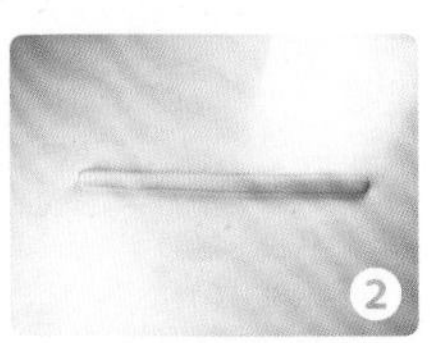
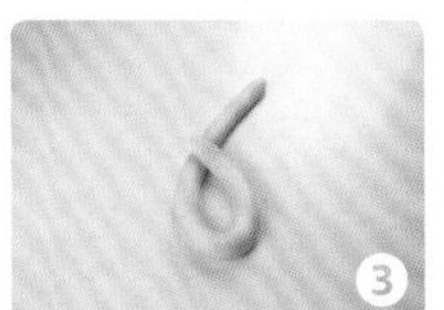
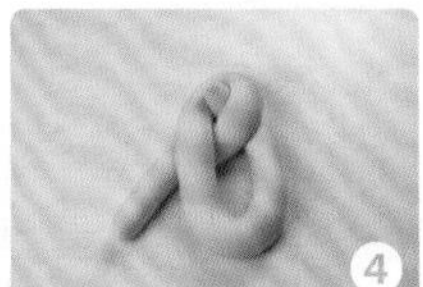
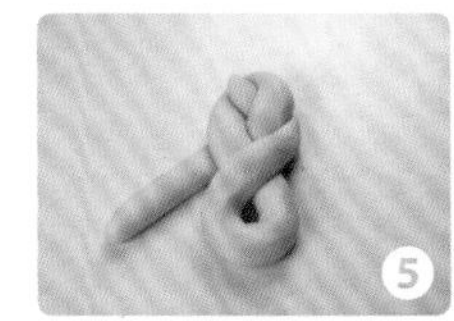
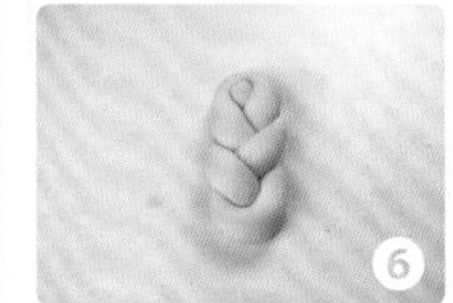

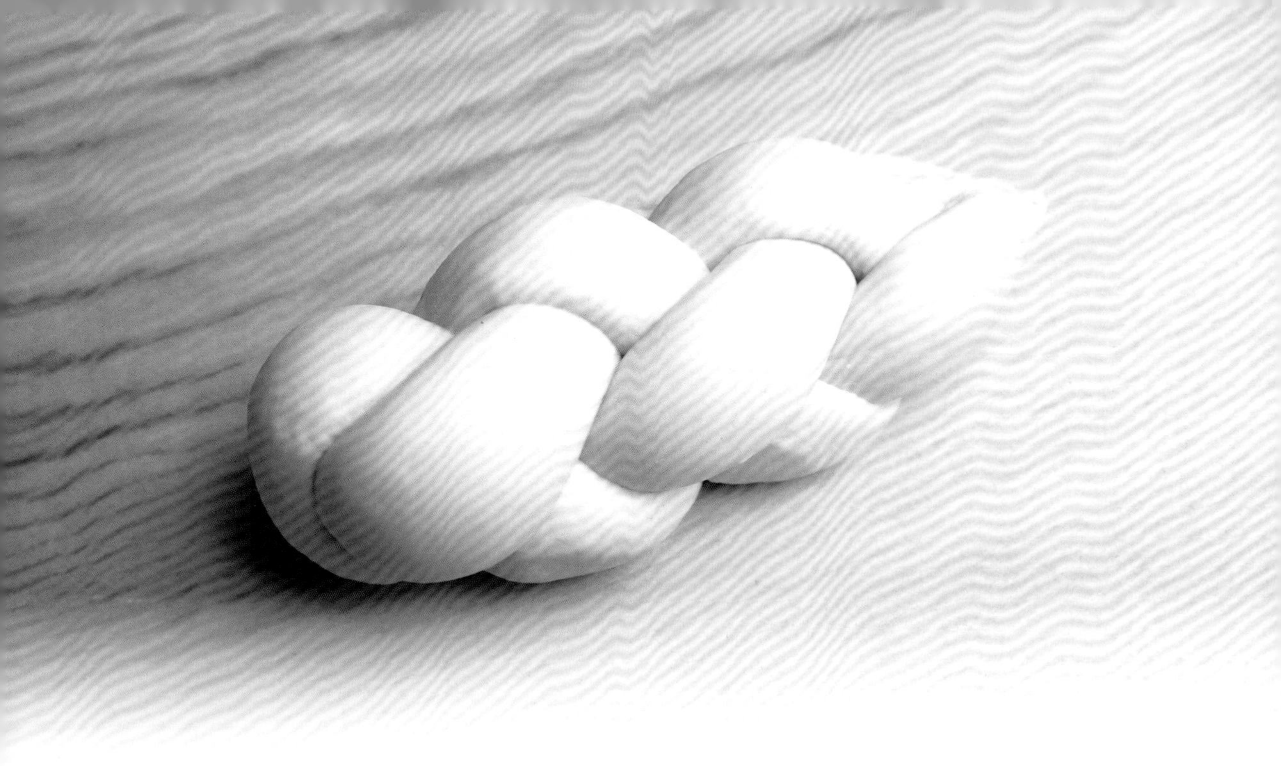

二股辫

◎ 材料

中筋粉 500 克，水 250 克

◎ 必备工具

玻璃碗　湿毛巾　白刮板

擀面杖　电子克秤

•小提示•

编辫子包时要松紧适宜。

→制作过程

❶ 将松弛后的面团用擀面杖擀成椭圆形（厚薄度一致）。

❷ 翻面后，压薄底边。

❸ 搓成中间粗、两头细的长条。

❹ 取两根长条，摆成“十”字形，横条在下，竖条在上。

❺ 横条左右交叉。

❻ 竖条上下交叉。

❼ 重复步骤 ❺~❻，直至结束，捏紧收尾处。

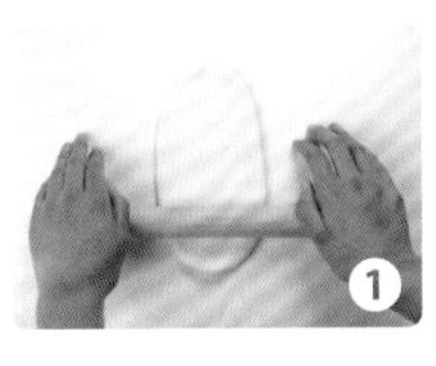

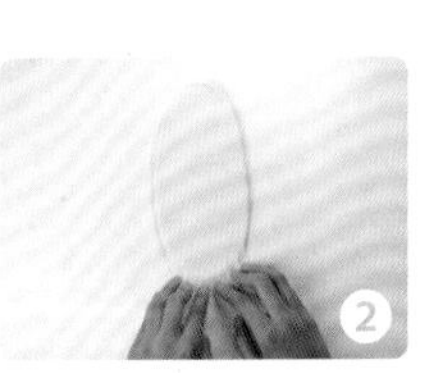

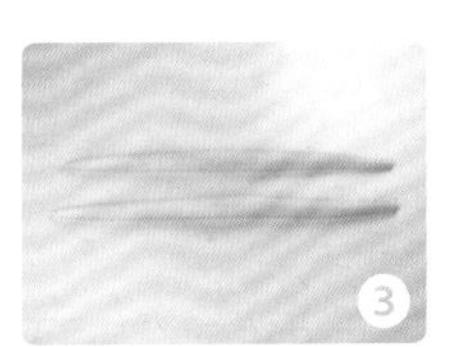

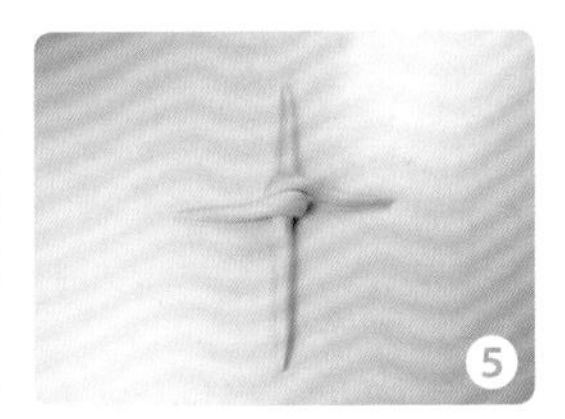

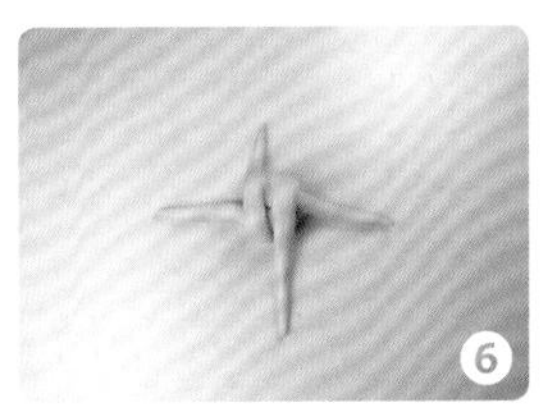

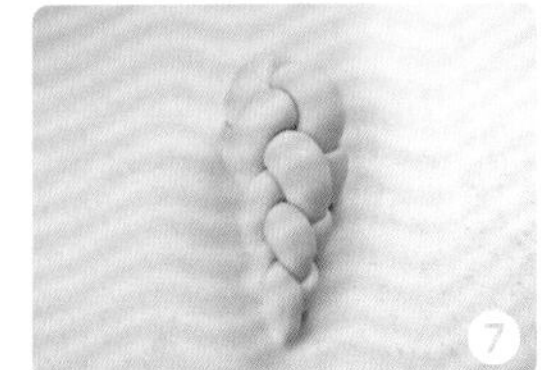

三股辫

◎ 材料

中筋粉 500 克，水 250 克

◎ 必备工具

玻璃碗　湿毛巾　白刮板　擀面杖　电子克秤

•小提示•

做基本功练习时面团要稍硬。

→ 制作过程

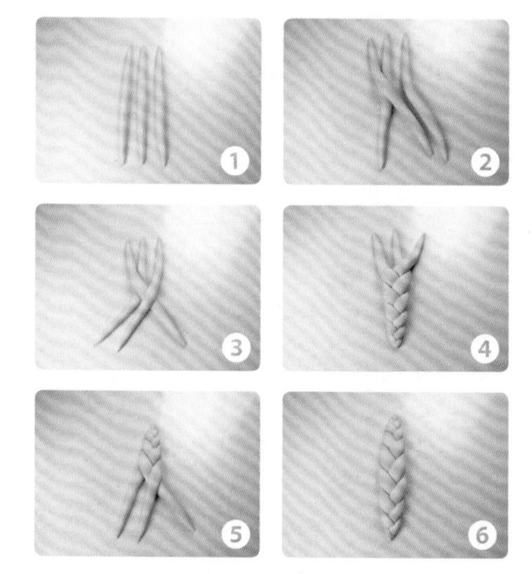

❶ 取 3 根中间粗、两头细的长条。

❷ 从中间开始编起，第一根长条压过第二根长条。

❸ 第三根长条压在编过来的第一根长条上。

❹ 重复此动作编完一端。

❺ 把面团倒过来再编好剩余的部分。

❻ 编完后捏紧收尾处。

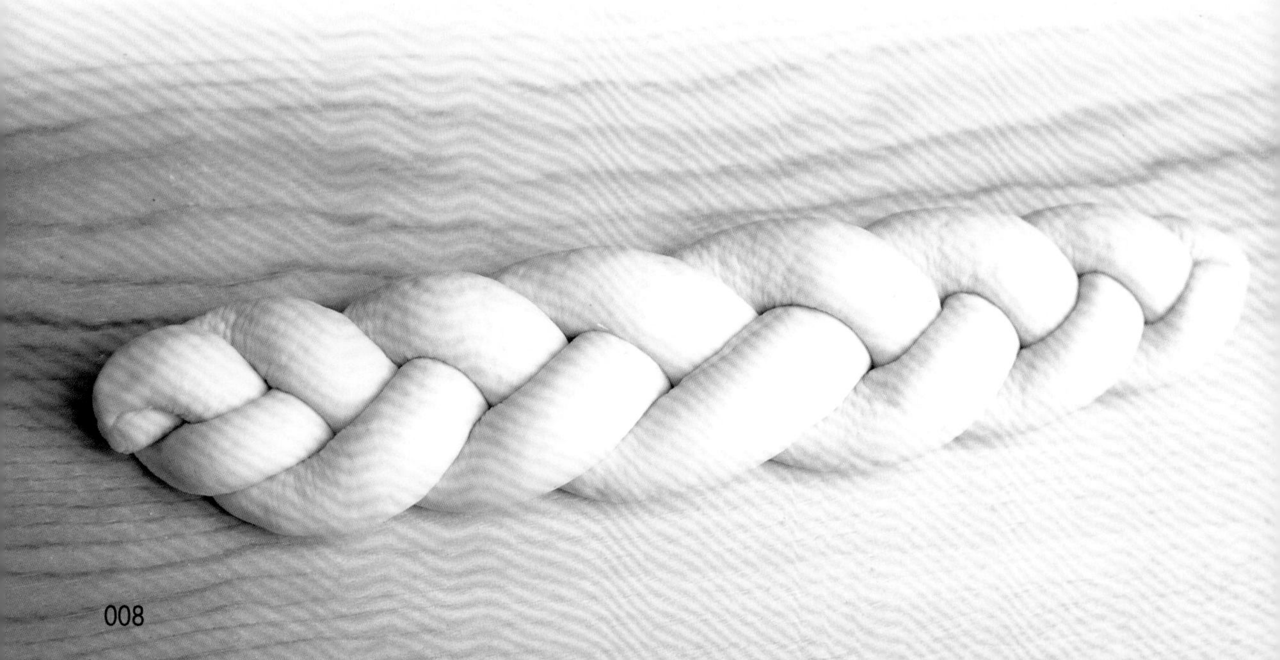

四股辫

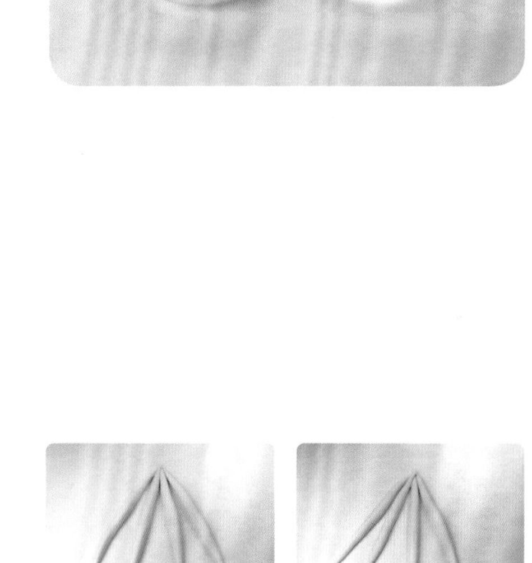

◎ 材料

中筋粉 500 克，水 250 克

◎ 必备工具

玻璃碗　湿毛巾　白刮板　擀面杖　电子克秤

•小提示•

编辫子包时，搓条要粗细均匀。

→ 制作过程

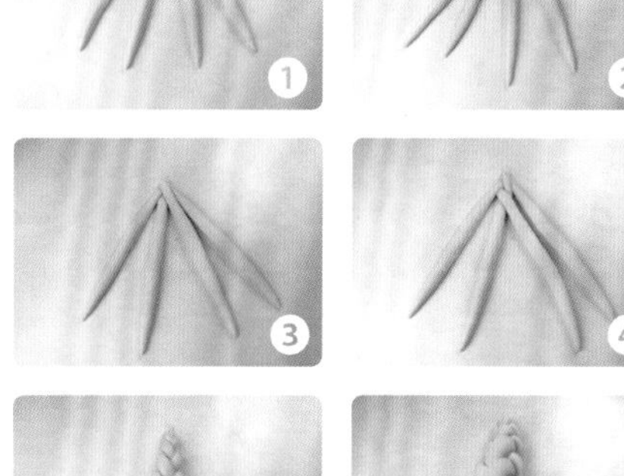

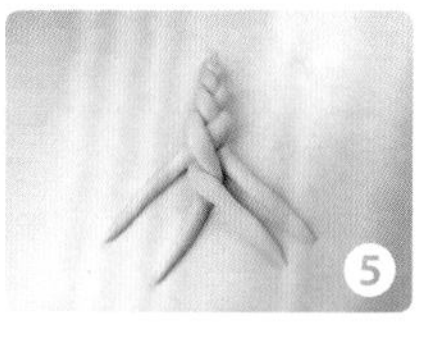

1. 取 4 根中间粗、两头细的长条，将顶端聚在一起捏紧后排开（从左至右依次编号为 A、B、C、D）。
2. D 变成 B。
3. A 变成 C。
4. B 变成 C。
5. 重复以上步骤，直至把长条编完。
6. 捏紧两端收尾处，编的时候要注意松紧适度。

菠萝面包包面手法

◎ 材料

中筋粉 500 克，水 250 克

◎ 必备工具

电子克秤　玻璃碗　湿毛巾　白刮板　菠萝模具

•小提示•

菠萝皮如果太软，可放冰箱冷藏。

→制作过程

❶ 将 70 克的面团揉成光滑挺立的圆。

❷ 将调好的菠萝皮搓成长条，然后下剂子，每个剂子约 20 克。

❸ 取一个已经下剂好的菠萝皮，用手掌压扁呈圆形。

❹ 菠萝皮放左手，手掌弓起，右手拿住面团。

❺ 双手配合，直至菠萝皮均匀包裹面团。

❻ 用菠萝模具压出菠萝纹路，使用模具时如果较沾，可以给模具上撒少许面粉。

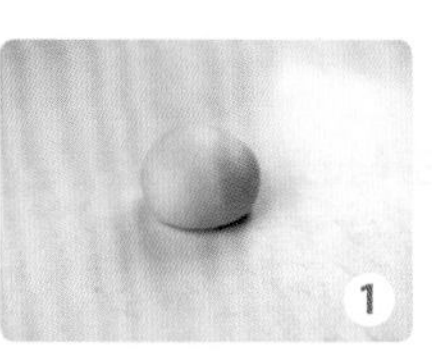
1

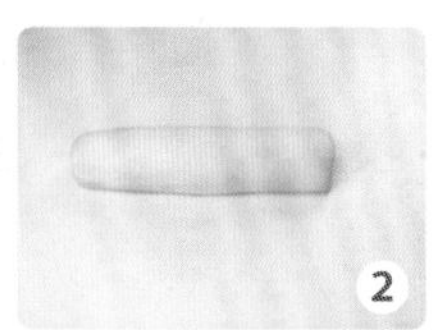
2

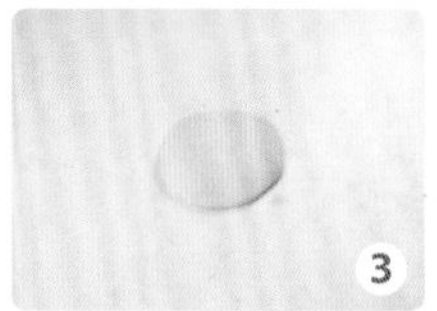
3

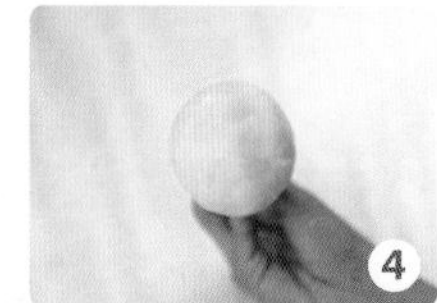
4

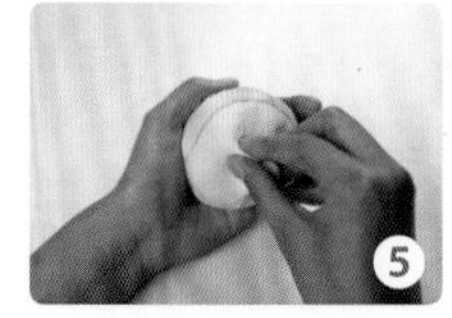
5

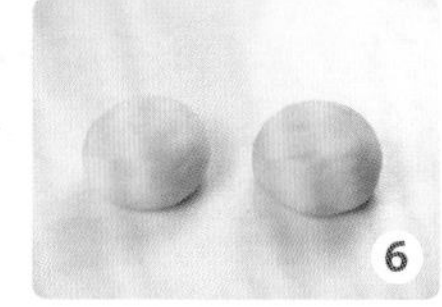
6

蛋糕裱花基本技法

鲜奶油基础知识

一、鲜奶油的解冻

在裱花当中，我们最常用的是鲜奶油，它的储存温度为 −18℃，因此在使用之前要先将鲜奶油解冻。解冻方法一般分为三种：（1）常温下解冻。一般秋冬时采用此方法，而夏天室内温度较高时不建议采用此方法。（2）水浴解冻。即将鲜奶油放入流动的水中自然解冻。（3）冷藏法解冻。即将鲜奶油提前 1~3 天从冰箱冷冻室中取出放入冷藏室中解冻。这三种方法中，第三种方法虽然耗时最长，但解冻出来的鲜奶油的稳定性和打发量最好，解冻的速度越快，鲜奶油的打发量和稳定性越差。

二、鲜奶油的打发

鲜奶油的打发分为三个阶段：湿性发泡→中性发泡→干性发泡。在制作花卉、生肖时，我们一般使用中性发泡鲜奶油。

三、打发后鲜奶油的储存

鲜奶油打发好后储存的温度为 15℃左右，室内温度太高会直接影响鲜奶油的口感，所有打发好的鲜奶油应尽快使用完，否则鲜奶油会发泡。剩余鲜奶油应密封后放入冰箱冷藏室，并在一天内用完。

四、鲜奶油打发流程

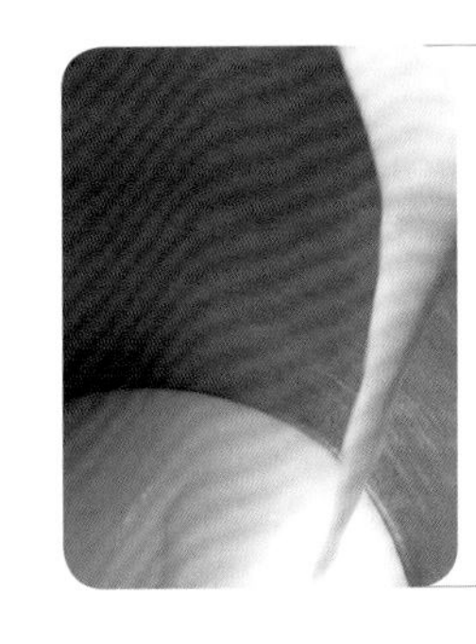

❶ 未打发的鲜奶油，夏天时可以带些小冰碴打发，冬天时要完全解冻。

❷ 打至湿性发泡的鲜奶油可以拉出软峰，由于鲜奶油较软，没有立体感。

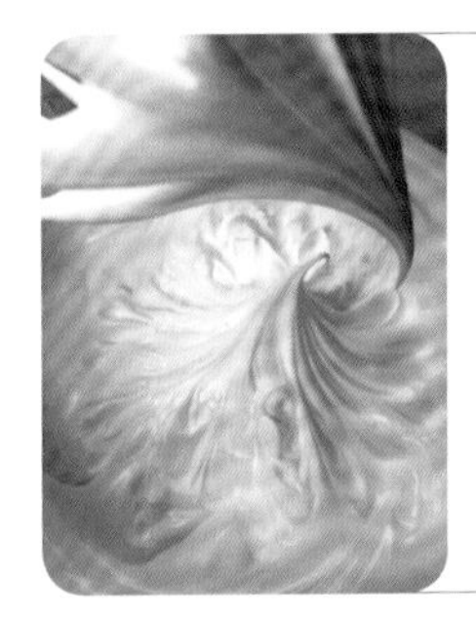

❸ 打至中性发泡的鲜奶油，拉出后鲜奶油呈鸡尾状，比较适合裱花、抹坯等。

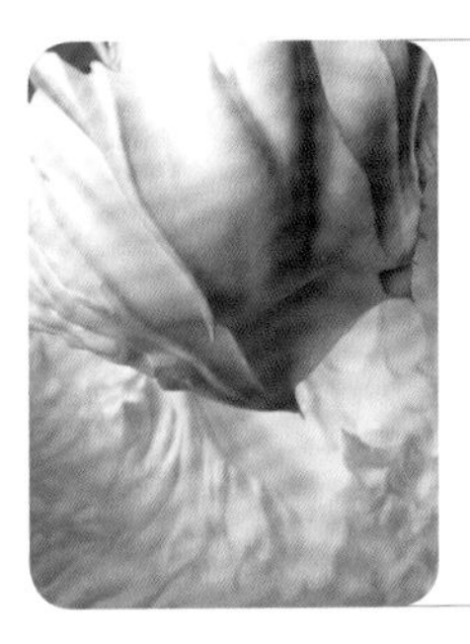

❹ 打至干性发泡的鲜奶油较硬，呈球状，较粗糙。

蛋糕字体的书写

· 书写所需的工具原料 ·

❶ 草莓拉线膏

❷ 巧克力拉线膏

❸ 玻璃纸细裱

❹ 金色扎丝

❺ 剪刀

· 蛋糕写字握细裱手法 ·

装好拉线膏的细裱

垂直 90° 角

倾斜 45° 角

· 蛋糕字体 ·

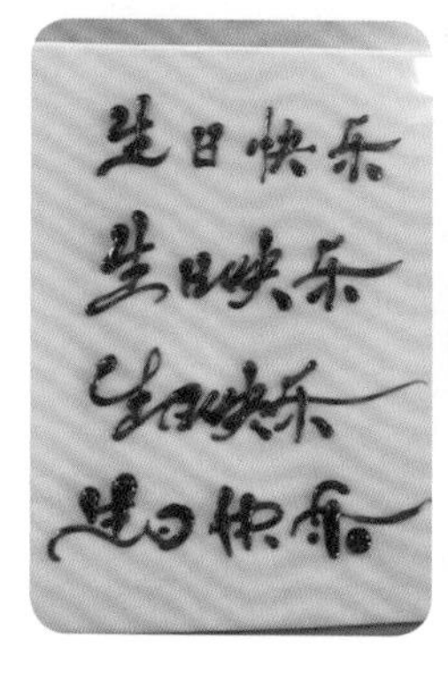

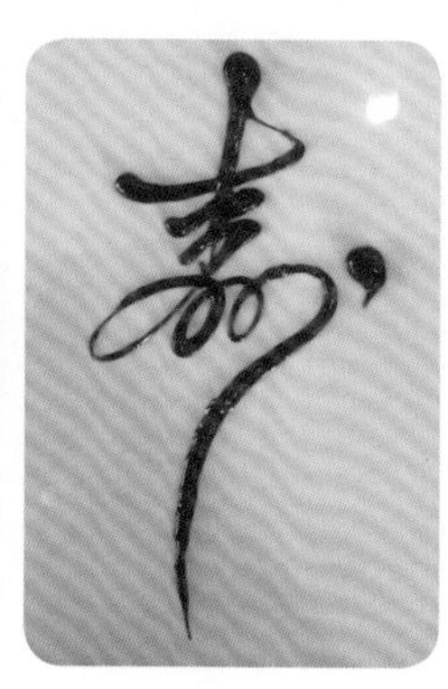

蛋糕抹坯基本手法及造型制作

• 抹坯所用工具 •

❶ 转台（转盘）
蛋糕抹坯必要工具

❷ 白色毛巾
因蛋糕做好直接食用，所以要使用干净白毛巾

❸ 抹刀
蛋糕抹坯常用工具

❹ 剪刀
用来修剪蛋糕坯

• 直坯抹坯手法 •

拿抹刀手法

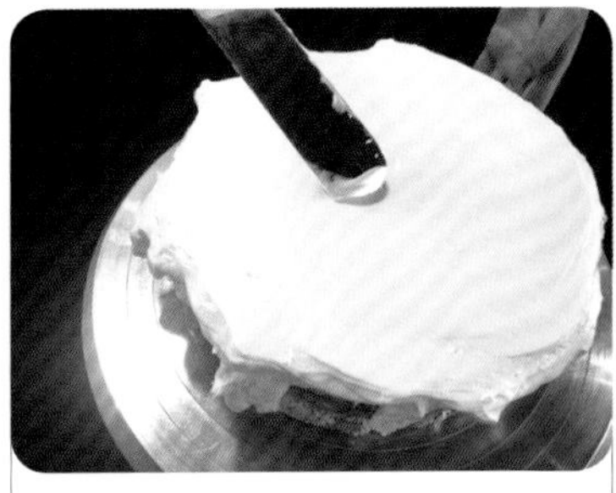

刀面水平，刀刃呈 45° 将平面抹平

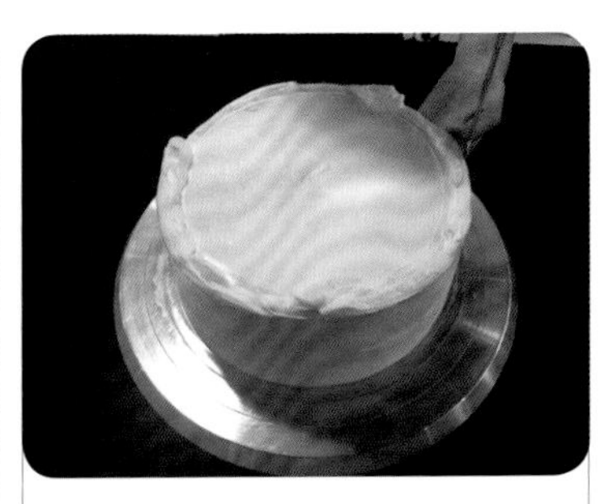

刀面垂直，刀刃呈 45° 将平面抹平

侧边高出平面 1cm 左右

刀刃轻轻贴上将多余的鲜奶油收掉

抹好的直坯

弧形坯抹坯手法

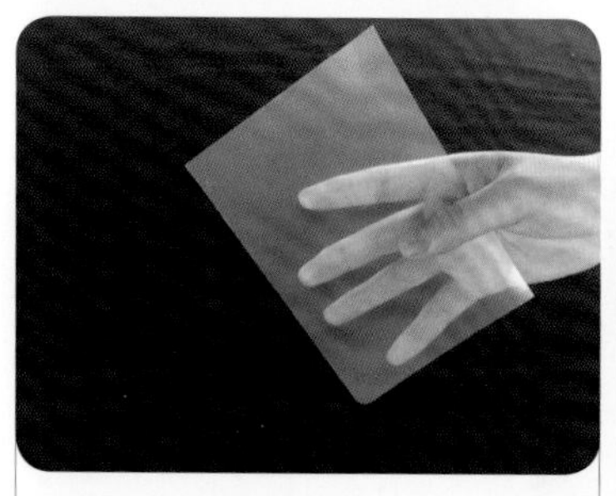

软刮拿法

刀面水平，刀刃呈 45° 将平面抹平

刀面垂直，刀刃呈 45° 将平面抹平

刀刃下压，将棱角打出弧度

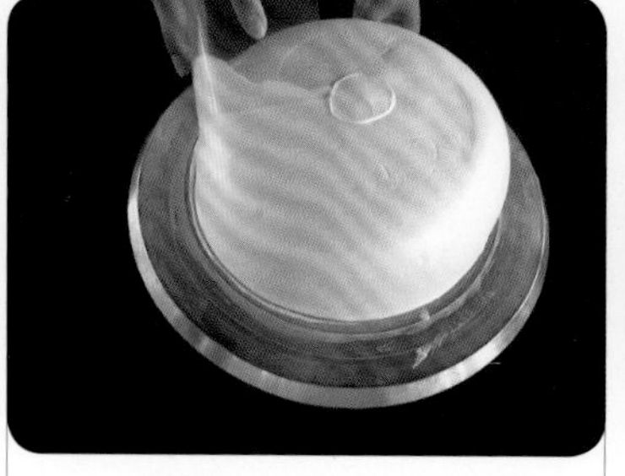

用软刮将蛋糕抹光滑

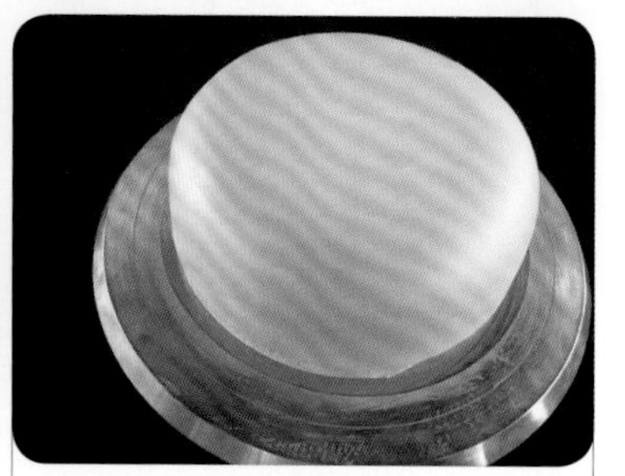

抹好的弧坯

心形坯抹坯手法

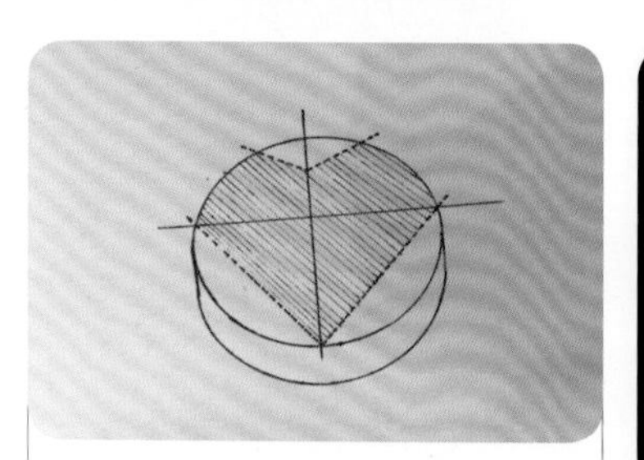

将圆形坯裁剪出心形坯，也可以直接用心形坯

抹刀水平将蛋糕面抹均匀

抹刀垂直将蛋糕侧面抹均匀光滑

抹刀垂直将蛋糕角抹直

刀刃呈 45° 将蛋糕面抹光滑

抹好的心形蛋糕坯

蛋糕花边的制作

圆嘴

常用花嘴之一，适合制作各种动物、人物及各式花边。

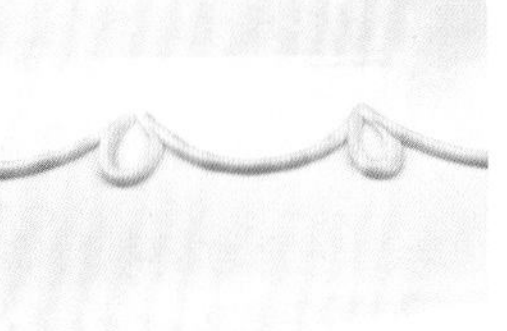

叶子花嘴

适合制作各种叶子及叶子花边。

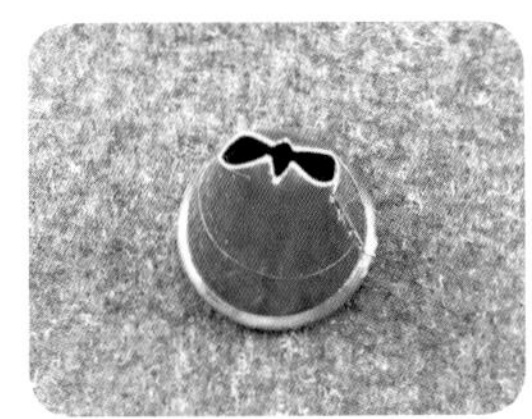

圆齿花嘴

适合制作各种齿形花纹、花边。

玫瑰花嘴

因常用于挤制玫瑰花而得名，适合制作各种花卉、花边。

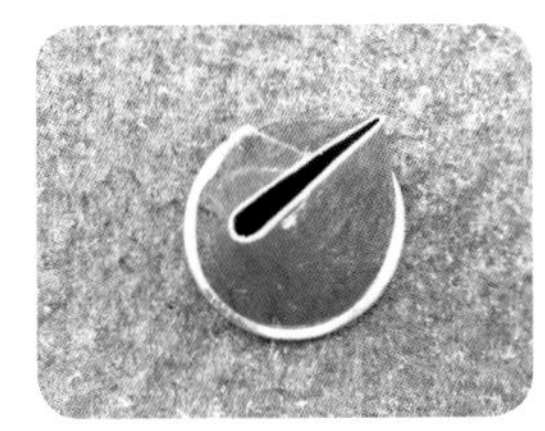
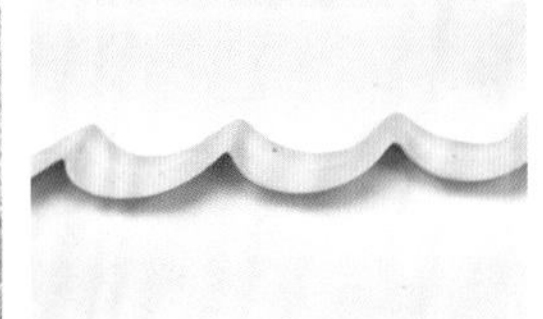

蛋糕篇

原料基本知识

面粉

在西点制作中，常用的面粉有低筋粉和高筋粉。低筋粉的湿面筋值在 25% 以下，比较适合制作蛋糕、饼干。高筋粉的湿面筋值在 35% 以上，比较适合制作面包。面粉中的蛋白质在吸水后会形成面筋，可起到支撑制品组织的“骨架”作用。

鸡蛋

鸡蛋在制品中可起到增香增色、改善制品组织状态、提高营养价值的作用。蛋清具有非常好的起泡性，在搅拌时会与拌入的空气形成泡沫，增加制品的膨胀力和体积。蛋黄中含有丰富的卵磷脂，具有非常好的乳化性。

糖

烘焙中常用的糖有绵白糖、糖粉、砂糖等。糖可以改善制品的色泽和口感，提高产品的营养价值。糖在 170℃时会产生焦化反应，配方中糖的用量越多，制品的颜色越深。

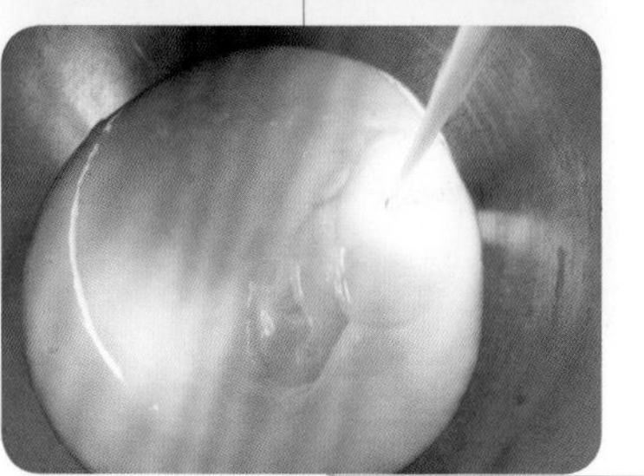

油脂

油脂是油和脂的总称，常温下液体的称油，固态的称脂。油脂在制品中可以增加营养，增进风味，还可以使制品组织细腻柔软，延缓淀粉老化、延长点心的保存期。

巧克力

巧克力营养丰富，在人体内容易被消化、吸收和利用，是一种健康食品。巧克力装饰使西点锦上添花，更丰富了西点食品的花样。巧克力的熔点较低，水温在60℃~80℃便能使其溶解。常用的巧克力溶解方法为“水浴法”。

可可粉

可可粉是西点的常用辅料，是制作巧克力的主要原料，它具有一定的减肥功效。可可粉是制作各种巧克力型蛋糕不可缺少的装饰料，它是可可豆的粉末制品，含脂率低，呈棕褐色，味浓略苦。

蛋糕油

蛋糕油又称蛋糕乳化剂或蛋糕起泡剂，它在海绵蛋糕的制作中起着重要的作用。蛋糕油使制作海绵蛋糕的打发时间大大缩短，而且可使烤出的成品组织均匀细腻，口感松软。

泡打粉

泡打粉是化学膨松剂的一种，呈白色粉末状，在冷水中分解，遇热会产生化学反应，释放出二氧化碳气体，使制品组织膨大。需要注意的是：泡打粉在使用前要密封保存，避免受热。

塔塔粉

塔塔粉的化学名称为酒石酸钾，它是制作戚风蛋糕必不可少的原料之一。塔塔粉可以中和蛋白的碱性，帮助蛋白起发，使泡沫稳定、持久，增加制品的韧性，使产品更柔软。

清蛋糕

◎ 原材料

鸡蛋 1 500 克，白糖 700 克，低筋粉 760 克，奶香粉 5 克，吉士粉 50 克，泡打粉 7 克，奶粉 50 克，蛋糕油 30 克，水 50 克，色拉油 150 克

→ 制作过程

❶ 将鸡蛋和白糖放入搅拌桶内，用慢速搅拌至糖化。

❷ 将低筋粉、奶粉、吉士粉、蛋糕油、泡打粉、奶香粉倒入搅拌桶内。

❸ 先慢速搅匀，然后快速打发，打至乳白色黏稠状。

❹ 改慢速加水和油，水和油呈线状加入，使其融入搅拌桶内的原料即可。

❺ 烤盘刷油，垫好烤盘纸，将搅拌好的原料倒入烤盘中。

❻ 将原料用白刮板抹平。

❼ 用白刮板抹平后震动几下，以去掉原料中的气泡。

❽ 放入烤箱中烘烤，烘烤温度为上火 180℃、下火 180℃，烘烤 20 分钟左右，烤至金黄色出炉。

❾ 冷却后用锯齿刀切块、装盘即可。

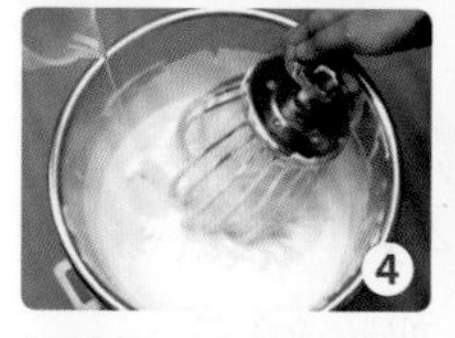

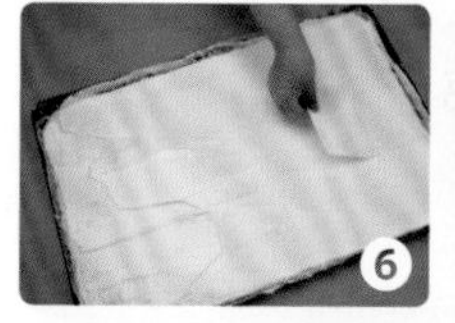

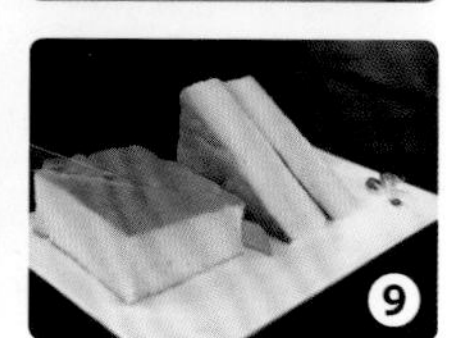

◎ 必备工具

多功能搅拌机　锯齿刀　白刮板　手工盆　烤盘

•小提示•

要判断蛋糕是否成熟，可以用牙签插入蛋糕内，若拔出的牙签上没有沾上面糊，则说明蛋糕成熟。

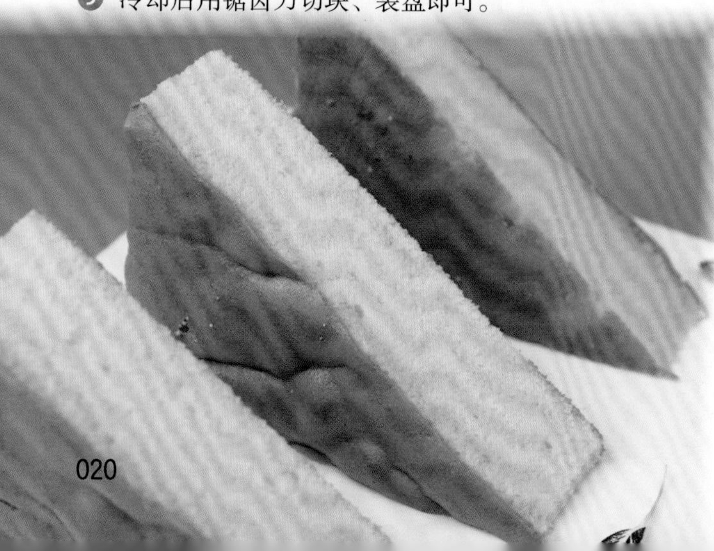

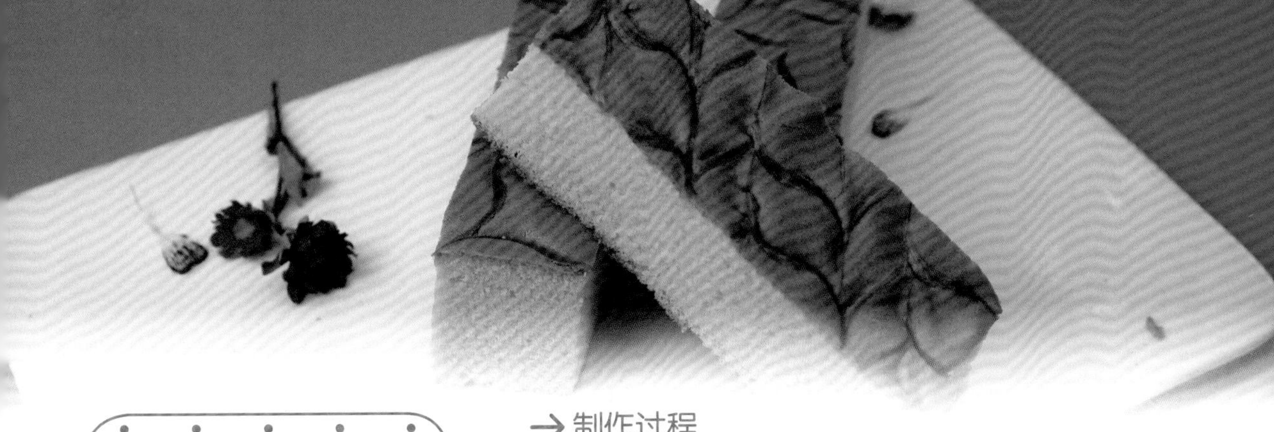

花纹蛋糕

◎ 原材料

鸡蛋 1 400 克，白糖 650 克，低筋粉 700 克，奶香粉 4 克，吉士粉 30 克，泡打粉 10 克，奶粉 50 克，蛋糕油 50 克，水 80 克，色拉油 140 克，蛋黄 1 个

◎ 必备工具

多功能搅拌机　白刮板　烤盘

烤盘纸　锯齿刀　手工盆

小提示

蛋黄打散后装入裱花袋中会更好挤，也可以用果膏挤出花纹。

→ 制作过程

1. 将鸡蛋和白糖放入搅拌桶内，慢速搅拌至糖化。
2. 将低筋粉、奶粉、吉士粉、蛋糕油、泡打粉、奶香粉倒入搅拌桶内。
3. 先慢速搅匀，然后快速打发，打成乳白色黏稠状。慢速加水和油，水和油呈线状加入，使其融入搅拌桶内的原料即可。
4. 烤盘刷油，垫好烤盘纸，将打好的原料倒入烤盘中。
5. 将原料用白刮板抹平，并通过震动排出气泡。
6. 将蛋黄装入裱花袋做成细裱，沿烤盘对角画平行线，线条间距相同，粗细均匀。
7. 用竹签在烤盘的另一个对角来回画垂直于平行线的线条，且间距要一样，然后放入烤箱中烘烤。
8. 温度上火 190℃、下火 170℃，烘烤大约 30 分钟，烤至金黄色即可。

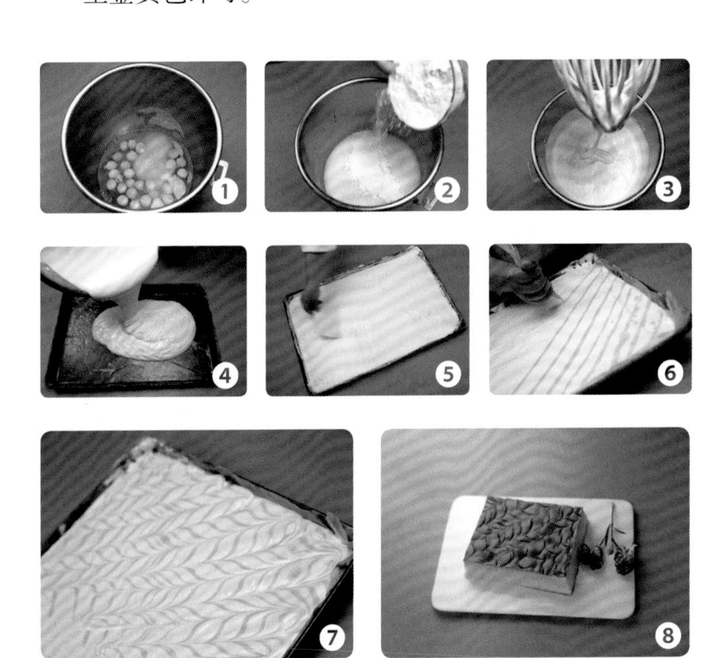

虎皮天使蛋糕

◎ 原材料

虎皮：蛋黄 450 克，糖粉 250 克，低筋粉 50 克，色拉油 50 克，盐 5 克

天使：A: 蛋清 900 克，塔塔粉 5 克，盐 5 克，白糖 300 克；B: 蛋糕油 50 克，低筋粉 400 克，生粉 100 克，奶粉 50 克；C: 水 150 克，油 150 克

◎ 必备工具

多功能搅拌机　锯齿刀　白刮板　烤盘　手工盆

•小提示•

虎皮上色很快，要注意及时取出，以免烘烤时间太长使颜色过深。

→ 制作过程

1. 将蛋黄放入搅拌桶内，加入糖粉中速化糖，然后快速打发，打至原来体积的 2~2.5 倍，颜色呈乳黄色，且挑在抹刀上，呈软峰状。此时改用慢速加入面粉搅拌均匀，再呈线状加入色拉油，搅拌至面糊可挂在桶边即可。
2. 将面糊倒入垫好烤盘纸的烤盘，抹平后，震动排出气泡，放入烤箱烘烤。
3. 用上火 240℃、下火 150℃烘烤 10 分钟，取出冷却待用。
4. 将蛋清、白糖、盐、塔塔粉放入搅拌桶内中速化糖，然后加入低筋粉、蛋糕油、生粉，中速拌匀后快速打发，打至原来体积的 2~2.5 倍，呈软峰状时，中速呈线状加水和油搅拌均匀即可。
5. 将打好的面糊倒入垫好烤盘纸的浅烤盘中。
6. 抹平后震动排气，放入烤箱中烘烤，用上火 180℃、下火 180℃烘烤 25 分钟。
7. 将天使蛋糕脱盘，冷却，放在平盘上。
8. 将天使蛋糕抹上鲜奶油卷好定型后，再将虎皮抹上鲜奶油卷在天使蛋糕上。
9. 切块放在平盘上，并加以装饰。

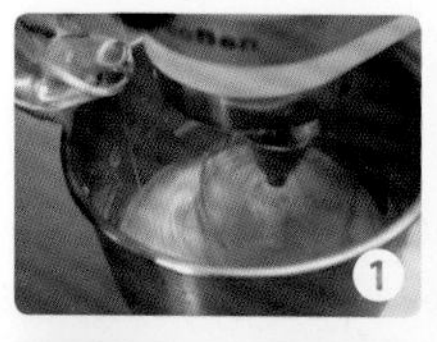

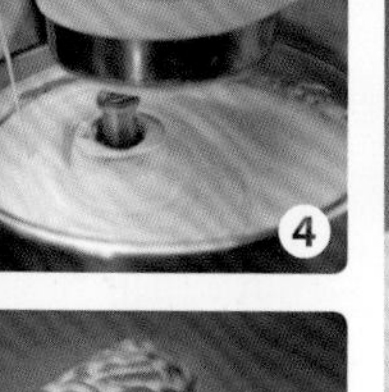

原味戚风蛋糕

◎ 原材料

蛋清 500 克，白糖 200 克，塔塔粉 7 克，水 150 克，液体酥油 100 克，低筋粉 200 克，奶香粉 5 克，盐 2 克，泡打粉 5 克，奶粉 40 克，蛋黄 150 克，花生片适量

→ 制作过程

1. 将水、液态酥油、盐倒入手工盆中，用蛋抽搅拌均匀，使盐完全溶化。
2. 加入低筋粉、奶粉、泡打粉、奶香粉并搅拌均匀。
3. 将蛋黄倒入手工盆中，将手工盆中的原料搅拌均匀，使之呈黏稠状待用。
4. 将蛋清、塔塔粉、白糖倒入搅拌桶内，慢速化糖，使糖完全溶解。
5. 改快速打发，将蛋清打发成软峰状。
6. 取 1/3 打发好的蛋清组放入蛋黄组搅拌均匀，再将蛋清组的原料全部倒入蛋黄组搅拌均匀。
7. 将搅拌均匀后的原料装入裱花袋，挤入处理好的通心模中，挤至八成满并撒上少许的花生片。
8. 放入烤箱中烘烤，温度上下火 180℃，大约烘烤 25 分钟，烤好后将蛋糕倒扣冷却后脱模。
9. 将蛋糕放入平盘上并加以装饰。

◎ 必备工具

多功能搅拌机　锯齿刀　白刮板　烤盘　手工盆　通心模　蛋抽

•小提示•

使用前先在通心模内刷少量的油，撒上一点生面粉，这样有助于脱模。

肉松戚风蛋糕卷

◎ 原材料

蛋清 550 克，白糖 150 克，塔塔粉 7 克，蛋黄 160 克，水 150 克，色拉油 110 克，盐 3 克，白糖 20 克，低筋粉 210 克，奶香粉 7 克，奶粉 25 克，泡打粉 2 克，肉松、葱花、鲜奶油适量

→制作过程

❶ 将水、油、糖、盐倒入手工盆中，用蛋抽搅拌均匀，使糖完全溶解。

❷ 将低筋粉、奶粉、泡打粉、奶香粉等粉类原料倒入手工盆中搅拌均匀，再加入蛋黄搅拌均匀，使之呈黏稠状即可。

❸ 将蛋清、塔塔粉、糖倒入搅拌桶内，慢速化糖，使糖完全溶解，然后快速打发至软峰状。

❹ 取 1/3 打发好的蛋清组放入蛋黄组搅拌均匀，再将全部的蛋清组加入蛋黄组搅拌均匀。

❺ 将烤盘刷油，垫烤盘纸，然后均匀撒上肉松和葱花。

❻ 将原料慢慢倒入烤盘中，轻轻抹匀，不要太过于用力，防止底下的肉松滑动，抹平后震动，放入烤箱烘烤。

❼ 将烤好的蛋糕切成两个大小一样的长方形。

❽ 将蛋糕平铺，在没有肉松的那一面抹上鲜奶油，然后用擀面杖将它卷成肉松卷。

◎ 必备工具

多功能搅拌机　锯齿刀　白刮板
烤盘　手工盆　擀面杖　蛋抽

•小提示•

也可选用沙拉酱、果酱等原料来卷制蛋糕。

双色蛋糕卷

◎ 原材料

蛋清 900 克，白糖 450 克，塔塔粉 10 克，水 250 克，色拉油 250 克，盐 5 克，低筋粉 500 克，奶香粉 5 克，泡打粉 10 克，蛋黄 450 克，可可粉 60 克

◎ 必备工具

多功能搅拌机　锯齿刀　白刮板　手工盆　烤盘　擀面杖　蛋抽

• 小提示 •

烘烤时要注意炉温的变化，烘烤时间过长易导致蛋糕开裂。

→ 制作过程

1. 将水、油、盐倒入手工盆中，用蛋抽搅拌均匀，使盐完全溶解，再将低筋粉、泡打粉、奶香粉等倒入手工盆中并搅拌均匀。
2. 加入蛋黄搅拌均匀，使之呈黏稠状待用。
3. 将蛋清、塔塔粉、糖倒入搅拌桶内，慢速化糖，使糖完全溶解，然后快速打发，将蛋清打发成软峰状。
4. 取 1/3 打发好的蛋清组放入蛋黄组搅拌均匀。
5. 将蛋清组的原料全部倒入蛋黄组搅拌均匀。
6. 取一半搅拌好的原料加入可可粉搅拌均匀，调成可可色。
7. 将两种颜色的蛋泡糊分别装入裱花袋，在垫好烤盘纸的烤盘上对角平行间隔挤入两种颜色的蛋泡糊，并且粗细均匀，然后放入烤箱中烘烤。
8. 用上火 200℃、下火 170℃将蛋糕烘烤成熟，取出冷却。
9. 将双色蛋糕卷抹上可可酱，用擀面杖卷起定型，然后切块并装饰。

葡萄干瑞士卷

◎ 原材料

蛋清500克，白糖200克，塔塔粉7克，盐2克，水150克，色拉油100克，白糖50克，低筋粉200克，奶香粉5克，蛋黄150克，葡萄干适量

→ 制作过程

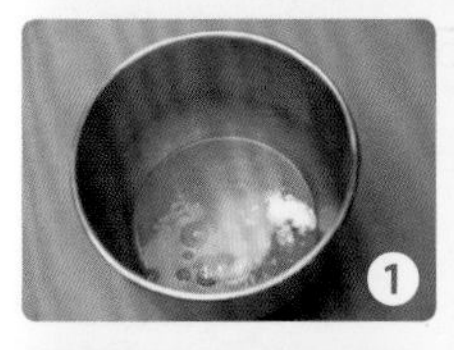

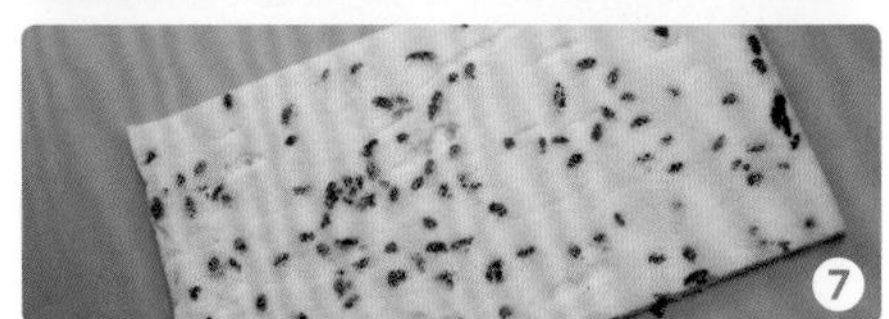
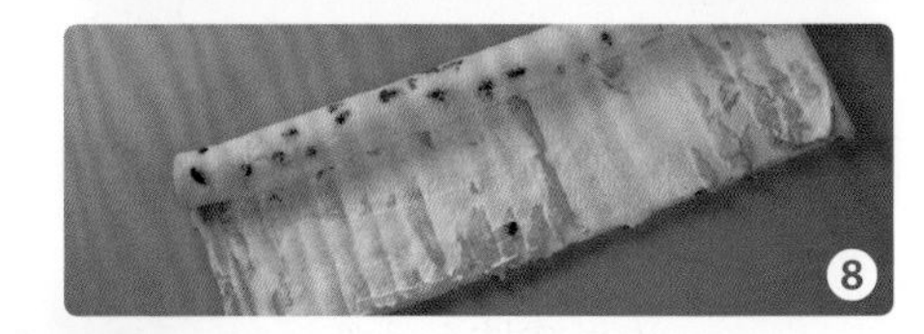

❶ 将蛋清、塔塔粉、大份白糖、盐倒入搅拌桶内。

❷ 慢速化糖，使糖完全溶解，然后快速打发，将蛋清打发成软峰状待用。

❸ 将水、油用蛋抽搅拌均匀，加入小份白糖搅拌至糖化。

❹ 将低筋粉、奶香粉倒入手工盆中搅拌均匀。

❺ 加入蛋黄搅拌均匀成黏稠状。

❻ 将打发好的蛋清组放入蛋黄组中搅拌均匀后，倒入撒上葡萄干的烤盘上，轻轻抹匀，防止底下的葡萄干滑动，抹平后震动，放入烤箱烘烤。

❼ 用上火190℃、下火170℃，将蛋糕烘烤成熟。

❽ 将蛋糕平铺，在没有葡萄干的那一面抹上鲜奶油，然后用擀面杖将它卷起，冷却后切块。

◎ 必备工具

多功能搅拌机　锯齿刀　白刮板　手工盆　烤盘　擀面杖　蛋抽

•小提示•

可以提前将葡萄干用朗姆酒浸泡后使用，口味更佳。

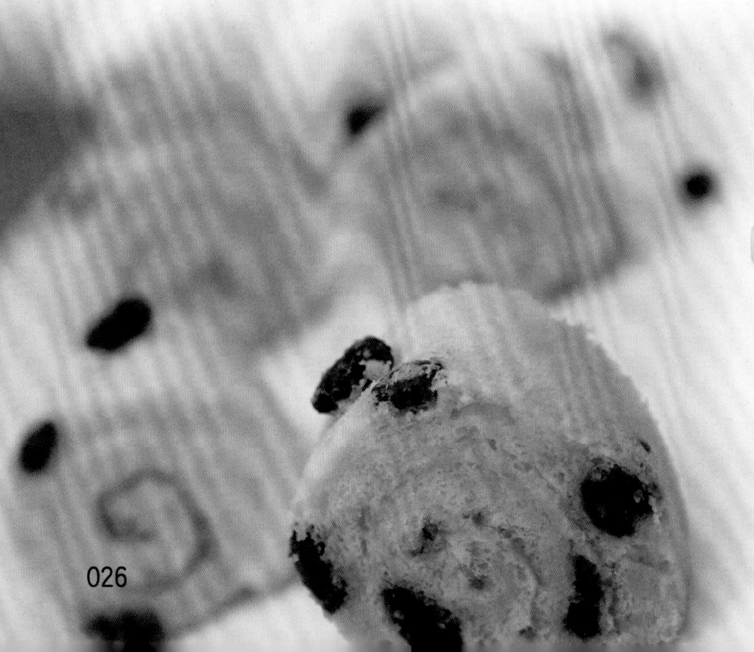

抹茶瑞士卷

◎ 原材料

抹茶粉 25 克，水 155 克，色拉油 100 克，白糖 80 克，低筋粉 190 克，泡打粉 3 克，奶香粉 4 克，奶粉 15 克，蛋黄 150 克，蛋清 550 克，塔塔粉 5 克，白糖 110 克，盐 2 克

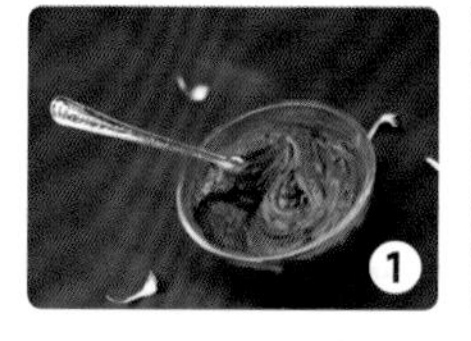

→ 制作过程

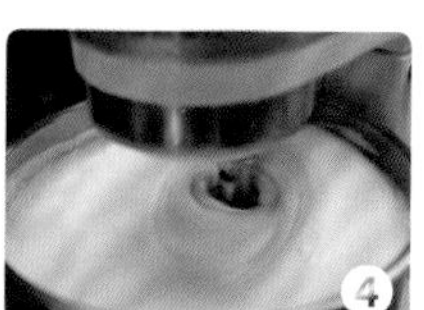

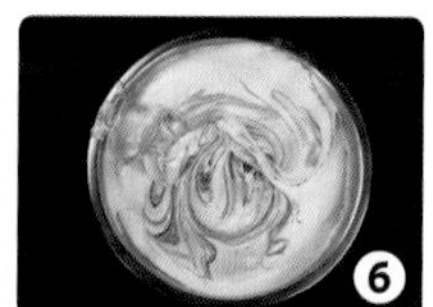

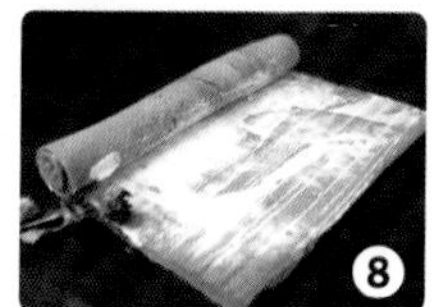

1. 将抹茶粉用开水搅拌成糊状，至细腻没有颗粒待用。
2. 将水、油、小份白糖、盐倒入手工盆中，用蛋抽搅拌均匀，使糖完全溶解。再将低筋粉、奶粉、泡打粉、奶香粉等粉类原料倒入手工盆中搅拌均匀。将蛋黄倒入手工盆中，将手工盆中的原料搅拌成黏稠状即可。
3. 将蛋清、塔塔粉、糖倒入搅拌桶内，慢速化糖，使糖完全溶解。
4. 改快速打发，将蛋清打发成软峰状待用。
5. 先取 1/3 打发好的蛋清组放入蛋黄组搅拌均匀，再将蛋清组的原料全部倒入蛋黄组搅拌均匀。
6. 在搅拌好的原料中加入搅拌好的抹茶粉，将原料调成抹茶色。
7. 将原料倒入垫好烤盘纸的烤盘中，抹平震动后放入烤箱烘烤。将烘烤好的蛋糕放入平盘上，用上火 190℃、下火 160℃烘烤 15 分钟。
8. 将烤好的蛋糕抹上鲜奶油并卷起定型。
9. 用锯齿刀将蛋糕切块放入平盘上并加以装饰。

◎ 必备工具

多功能搅拌机　锯齿刀　蛋抽

白刮板　手工盆　烤盘

•小提示•

卷蛋糕时鲜奶油放得过多易打滑，不利于操作。

巧克力瑞士卷

◎ 原材料

可可粉 50 克，巧克力 30 克，水 50 克，色拉油 150 克，盐 5 克，白糖 100 克，低筋粉 660 克，泡打粉 7 克，奶粉 50 克，蛋黄 450 克，蛋清 900 克，白糖 500 克，塔塔粉 5 克

◎ 必备工具

多功能搅拌机　蛋抽　烤盘　白刮板　锯齿刀　手工盆

•小提示•

也可以用巧克力酱来代替可可粉。

→制作过程

❶ 用热水将可可粉搅拌成糊状，并将巧克力隔水溶化待用。

❷ 将水、油、糖、盐倒入手工盆中，用蛋抽搅拌均匀，使糖完全溶解，糖为小份白糖。再将低筋粉、奶粉等粉类原料倒入手工盆中搅拌均匀。

❸ 将蛋黄倒入手工盆中，将手工盆中的原料搅拌成黏稠状即可。

❹ 将蛋清、塔塔粉、大份白糖倒入搅拌桶内，慢速化糖，使糖完全溶解，然后快速打发，将蛋清打发成软峰状待用。先取 1/3 打发好的蛋清组放入蛋黄组搅拌均匀，再将蛋清组的原料全部倒入蛋黄组搅拌均匀。

❺ 在搅拌好的原料中加入可可粉，将原料调成可可色。

❻ 将原料倒入垫好烤盘纸的烤盘中，抹平震动后，放入烤箱烘烤。

❼ 将烘烤好的蛋糕卷成瑞士卷放入平盘上。

❽ 将融化好的巧克力装入裱花袋做成巧克力细裱，然后快速地在瑞士卷上来回画成细线状。

❾ 将巧克力瑞士卷切块放在另一个平盘上并加以装饰。

1

2

3

4

9

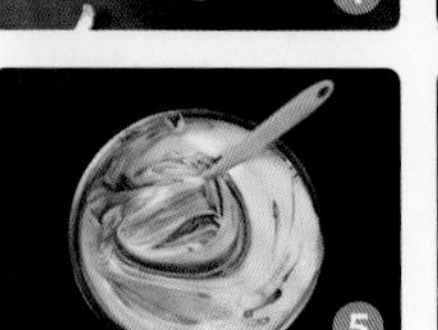
5

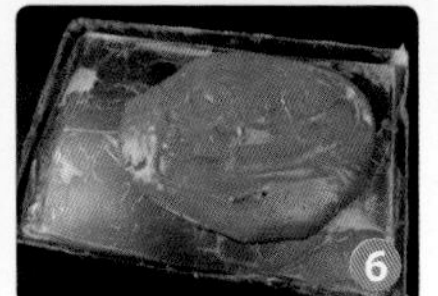
6

7

8

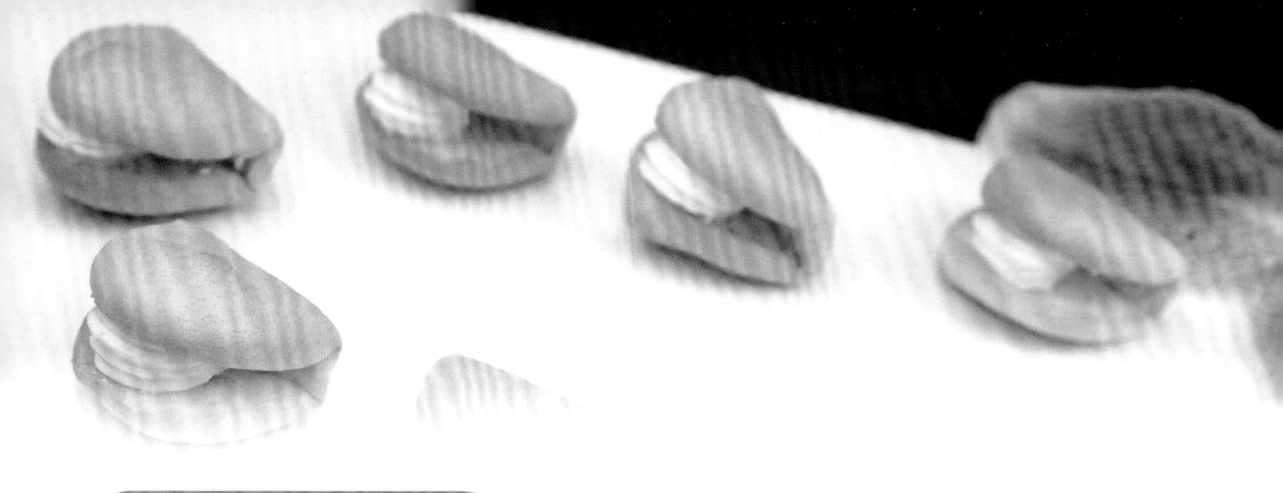

元宝蛋糕夹

◎ 原材料

蛋清 500 克，白糖 200 克，塔塔粉 7 克，水 150 克，色拉油 100 克，盐 2 克，低筋粉 200 克，奶粉 10 克，泡打粉 2 克，蛋黄 350 克，鲜奶油适量

◎ 必备工具

多功能搅拌机　锯齿刀
白刮板　手工盆　烤盘
蛋抽

•小提示•

蛋清组与蛋黄组搅拌时要注意搅拌均匀，否则会导致面糊沉淀。

→ 制作过程

❶ 将水、油、盐倒入手工盆中，用蛋抽搅拌均匀，使盐溶化。

❷ 将低筋粉、奶粉、泡打粉倒入手工盆中并搅拌均匀。

❸ 将蛋黄倒入手工盆中，将手工盆中原料搅拌均匀成黏稠状。

❹ 将蛋清、塔塔粉、糖倒入搅拌桶内，慢速化糖，使糖完全溶解，然后快速打发至软峰状。

❺ 取 1/3 打发好的蛋清组放入蛋黄组搅拌均匀。

❻ 将全部的蛋清组加入蛋黄组搅拌均匀。

❼ 将搅拌好的原料装入裱花袋，挤在垫好烤盘纸的烤盘上。蛋糕要大小一致，呈长条形，然后放入烤箱烘烤。

❽ 将烤好的蛋糕倒扣，冷却后脱盘，装饰。

❾ 成品如图所示。

肉松蛋糕夹

◎ 原材料

蛋清 500 克，白糖 200 克，塔塔粉 7 克，水 120 克，色拉油 150 克，盐 2 克，低筋粉 180 克，奶粉 50 克，泡打粉 3 克，蛋黄 350 克，肉松、鲜奶油适量

◎ 必备工具

多功能搅拌机　锯齿刀

白刮板　手工盆　烤盘

蛋抽

·小提示·

挤蛋糕面糊时要注意大小一致，否则会烘烤不均匀。

→ 制作过程

❶ 将水、油、盐倒入手工盆中，用蛋抽搅拌均匀，使盐完全溶解。

❷ 将低筋粉、奶粉、泡打粉倒入手工盆中，并搅拌均匀。

❸ 将蛋黄倒入手工盆中，将手工盆中的原料搅拌成黏稠状。

❹ 将蛋清、塔塔粉、糖倒入搅拌桶内，慢速化糖，使糖完全溶解，然后快速打发。

❺ 将蛋清打发成软峰状。

❻ 将 1/3 打发好的蛋清组放入蛋黄组搅拌均匀，然后将全部的蛋清组加入蛋黄组搅拌均匀。

❼ 将搅拌好的原料装入裱花袋，挤在垫好烤盘纸的烤盘上。蛋糕要大小一致。放入烤箱，以上火 180℃、下火 160℃烤至成熟。

❽ 将烤好的蛋糕倒扣，冷却后脱盘。

❾ 将两个蛋糕合起，中间挤入鲜奶油，撒上肉松即可。

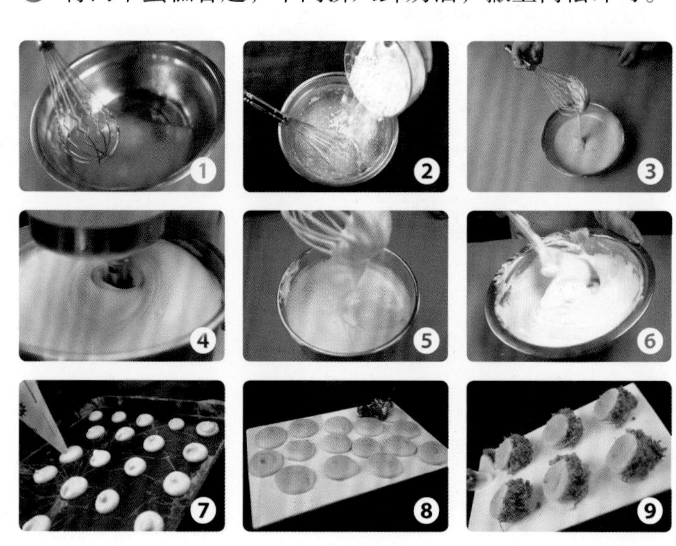

蜜豆蛋糕夹

◎ 原材料

蛋清500克，白糖150克，塔塔粉7克，盐2克，水150克，色拉油100克，白糖50克，奶粉50克，泡打粉3克，低筋粉200克，蛋黄350克，蜜豆、鲜奶油适量

◎ 必备工具

多功能搅拌机　锯齿刀　白刮板　手工盆　烤盘　蛋抽

•小提示•

蛋清中的糖一定要搅拌溶解后再快速打发。

→ 制作过程

❶ 将蛋清、塔塔粉、多份糖倒入搅拌桶内。

❷ 慢速化糖，使糖完全溶解，然后快速打发。

❸ 将蛋清打发成软峰状即可。

❹ 将水、油、小份白糖、盐倒入手工盆中，用蛋抽搅拌使糖完全溶解。

❺ 将低筋粉、奶粉、泡打粉等粉类原料倒入手工盆中，搅拌均匀。

❻ 将蛋黄倒入手工盆中，将手工盆中原料搅拌成黏稠状，再将打好的❹与❺充分地混合在一起。

❼ 将搅拌好的原料装入裱花袋，挤在垫好烤盘纸的烤盘上。蛋糕大小一致。放入烤箱烘烤，上火190℃、下火160℃，烘烤15分钟。

❽ 将烤好的蛋糕冷却后脱盘。

❾ 将蛋糕从中间切开挤入鲜奶油，撒上蜜豆装饰。

油脂蛋糕

枣泥蛋糕

◎ 原材料

枣泥 250 克，提子干 40 克，鸡蛋 500 克，白糖 350 克，盐 4 克，低筋粉 520 克，泡打粉 12 克，小苏打 5 克，色拉油 500 克

◎ 必备工具

白刮板　烤盘　烤箱　剪刀　搅拌机

小提示

可以根据自己的喜好在表面加一些装饰原料。

→制作过程

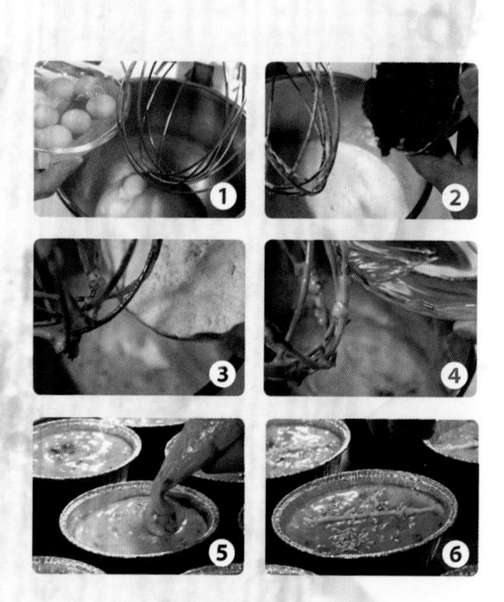

❶ 将鸡蛋、白糖、盐放入搅拌桶，慢速搅拌至白糖溶化，快速将鸡蛋打发，颜色呈乳白色，体积是原来的两倍。
❷ 将提子干、枣泥加入后慢速搅拌均匀。
❸ 倒入低筋粉、小苏打、泡打粉慢速搅拌均匀。
❹ 加入色拉油慢速搅拌均匀。
❺ 将面糊注入裱花袋，挤入锡箔椭圆蛋糕托，挤至八成满即可。
❻ 表面用鲜奶油挤“一”字，撒上白芝麻，以上火180℃、下火200℃烘烤25分钟，表面上色即可出炉。

香蕉蛋糕

◎ 原材料

香蕉500克，牛奶100克，鸡蛋250克，白糖250克，盐5克，低筋粉500克，泡打粉8克，小苏打8克，液态酥油150克

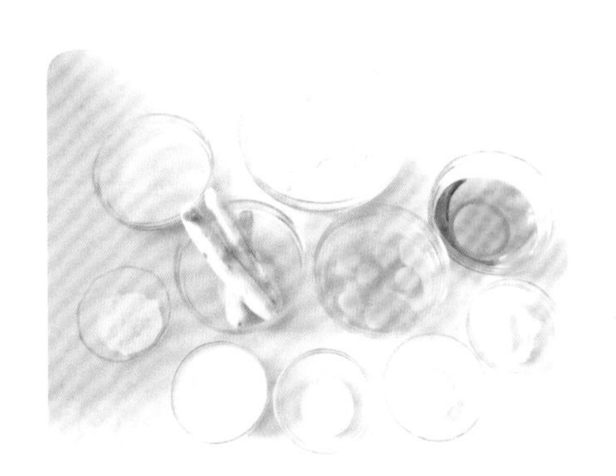

◎ 必备工具

白刮板 搅拌机 烤盘 烤箱 剪刀

→ 制作过程

1. 牛奶与香蕉一起捣成香蕉泥备用。
2. 将鸡蛋、白糖、盐放入搅拌桶，慢速搅拌至白糖溶化，快速将鸡蛋打发，颜色呈乳白色，体积是原来的两倍。
3. 加入香蕉泥慢速搅拌均匀。
4. 加入低筋粉、小苏打、泡打粉、慢速搅拌均匀。
5. 加入液态酥油慢速搅拌均匀。
6. 将面糊注入裱花袋，挤入耐高温蛋糕纸杯，挤至八成满，表面用鲜奶油画“十”字，以上火180℃、下火200℃烘烤25分钟即可出炉。

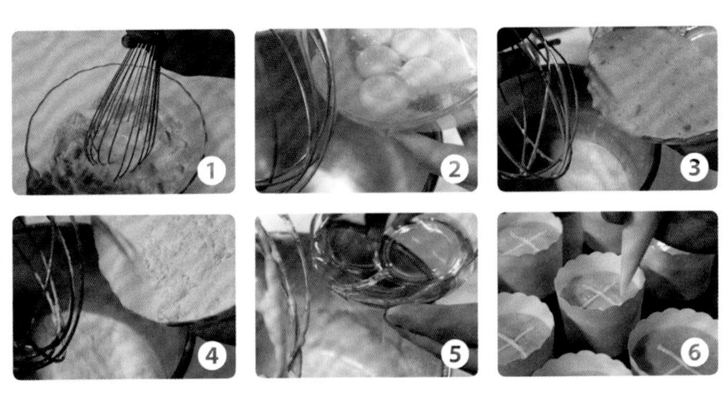

•小提示•

可以选用不同的蛋糕纸杯烘烤制品，表面的杏仁片也可用花生片装饰。

杏仁重油蛋糕

◎ 原材料

鸡蛋 600 克，白糖 400 克，盐 3 克，低筋粉 600 克，泡打粉 10 克，奶粉 60 克，小苏打 2 克，液态酥油 600 克，杏仁片适量

◎ 必备工具

白刮板　烤箱　剪刀　搅拌机　烤盘

•小提示•

可以选用不同的蛋糕纸杯烘焙，表面杏仁片也可用花生片代替。

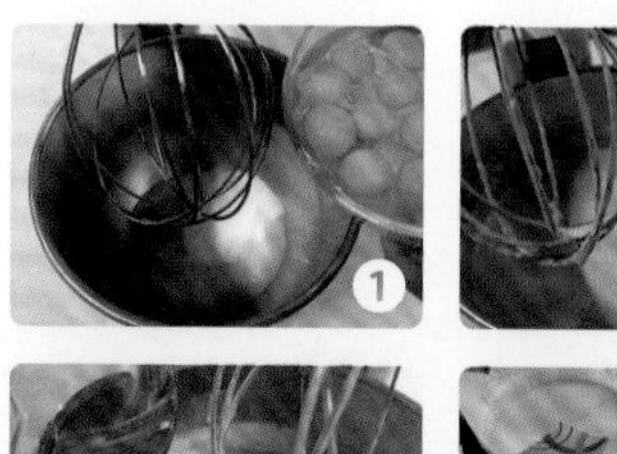

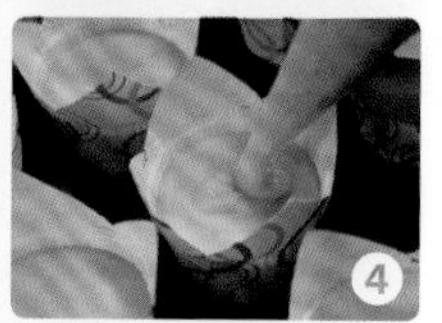

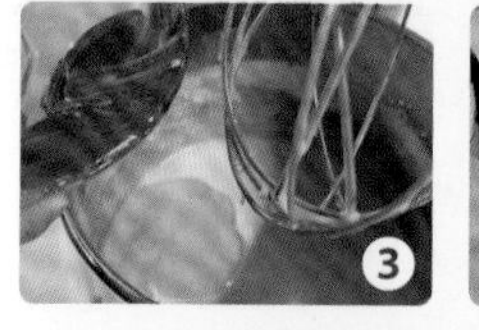

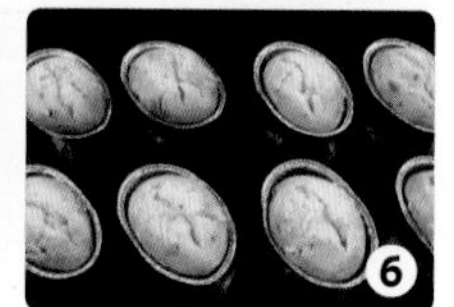

→ 制作过程

❶ 将鸡蛋、白糖、盐放入搅拌桶，慢速搅拌至白糖溶化，快速将鸡蛋打发，颜色呈乳白色，体积是原来的两倍。

❷ 倒入低筋粉、小苏打、泡打粉、奶粉慢速搅拌均匀。

❸ 加入液态酥油慢速搅拌均匀。

❹ 将面糊注入裱花袋，挤入锡箔椭圆蛋糕托或花瓣纸杯，挤至八成满即可。

❺ 表面用撒上杏仁片。

❻ 以上火 180℃、下火 200℃烘烤约 25 分钟，至表面金黄色即可出炉。

裱花蛋糕

裱花基础知识

制作花卉蛋糕的基本工具

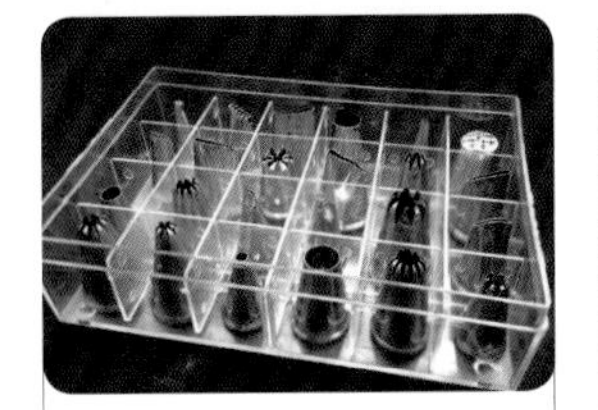

裱花嘴

裱花必备工具。

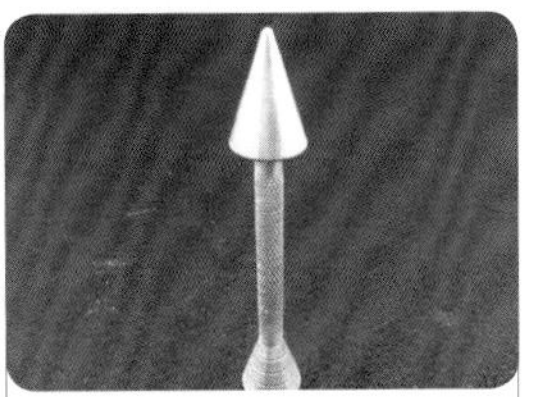

裱花棒

制作花卉时用。

裱花袋

装鲜奶油。

转盘

制作花卉蛋糕时支撑蛋糕的操作台。

毛巾

制作时清理案台。

抹刀

抹制蛋糕坯以及馅心。

鲜奶机

打发少量鲜奶油、蛋液或蛋白。

剪刀

剪裱花袋，放置花卉。

花嘴类型

玫瑰花嘴

用于制作玫瑰花、牡丹花以及花边。

直花嘴

用于制作月季、旋转铃以及花边。

贝壳花嘴

用于制作花边。

圆形花嘴

用于制作动物身体。

叶子花嘴

用于制作花卉蛋糕的叶子以及百合花。

弯月花嘴

用于制作菊花。

• 制作花卉蛋糕的常用手法 •

拔

制作花瓣根部时鲜奶油挤厚一点，然后花嘴直接向上提起的手法。

抖

将花嘴以上下抖动的方式做出花瓣纹路的手法。

推

花嘴角度、位置保持不变，直接挤出鲜奶油的手法。

绕

以直拉鲜奶油并做划弧的动作，使整个花朵呈包住花瓣的手法。

抖绕

将花嘴边抖边做弧形的手法。

制作花卉蛋糕的原料

❶ 鲜奶油

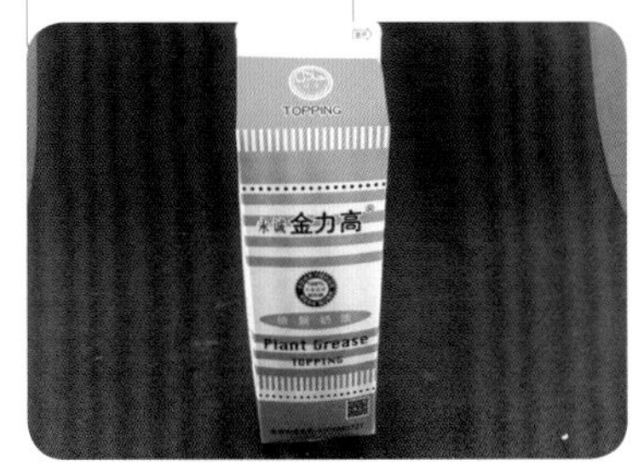

❷ 色素

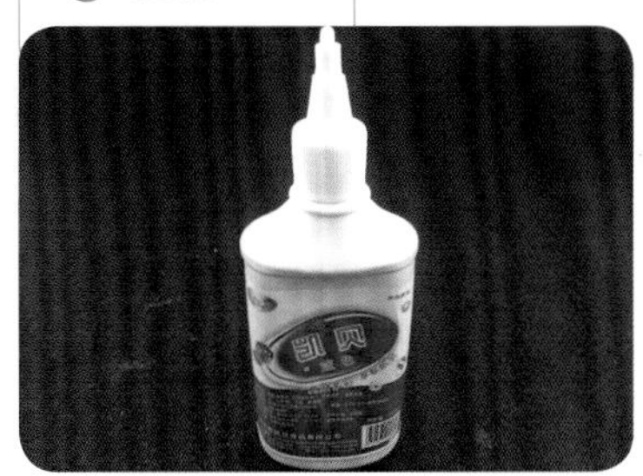

❸ 果膏

❹ 米托

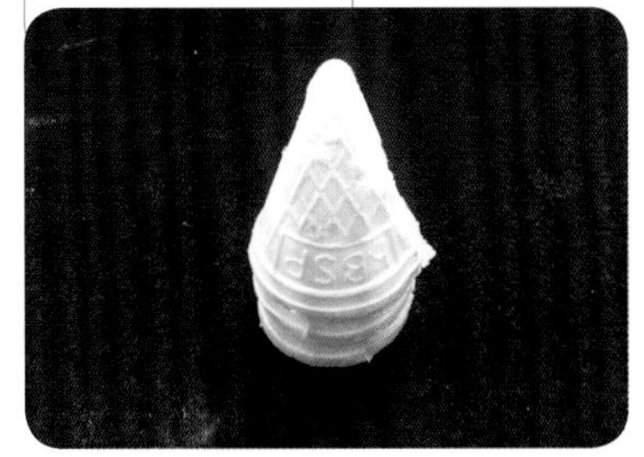

❺ 喷粉

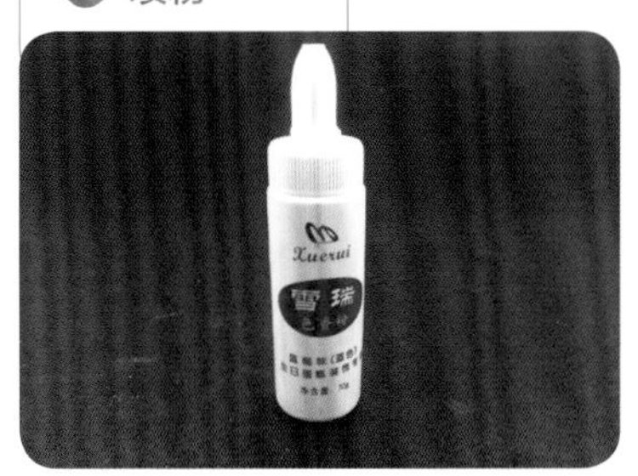

❻ 银珠

鲜奶油调色方法

1. 将打好的鲜奶油放入调色碗中。

2. 在调色碗中滴入紫色食用色素。

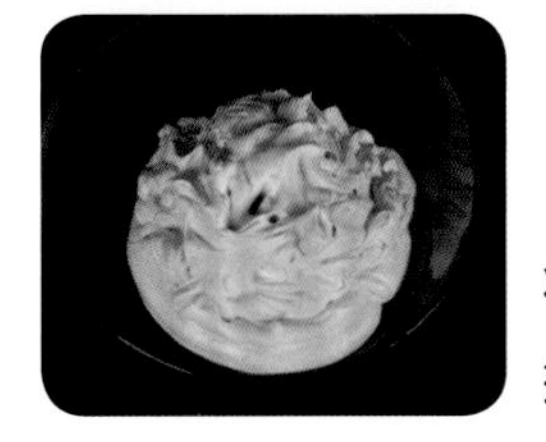

3. 将食用色素与鲜奶油搅拌均匀即可。

夹色方法

1. 准备好两碗不同颜色的鲜奶油。

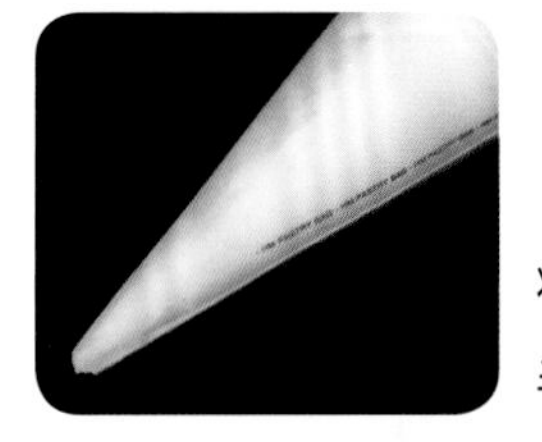

2. 将两碗不同的鲜奶油对半挤入裱花袋中。

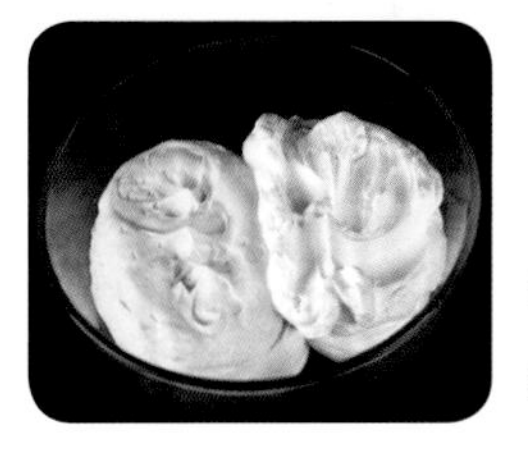

3. 将两袋不同的鲜奶油对半挤入碗中。

玫瑰花

→制作过程

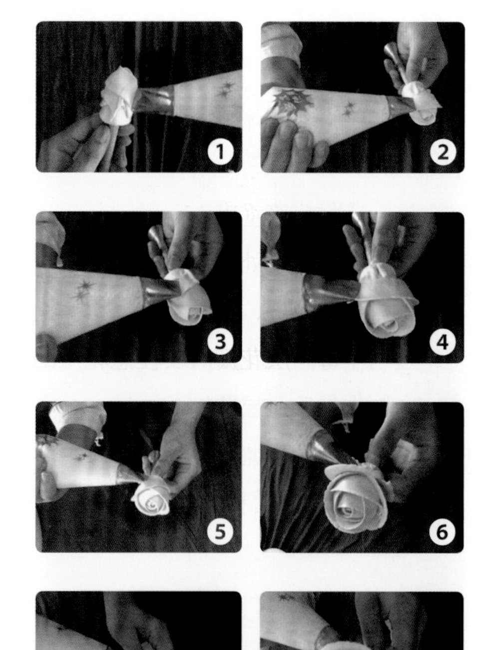

❶ 将花嘴薄头朝上，紧贴米托尖部，直绕一圈作为花蕊部分。

❷ 花嘴在米托下端起步，花嘴向内 45°，直绕挤出弧形。

❸ 将花嘴放在第一瓣的 1/2 处，花嘴由下往上再往下，包出三瓣花心。

❹ 用同样的手法再挤绕出第三瓣，至第一瓣的起步点收尾。三瓣为第一层。

❺ 将花嘴放在第一层最后一瓣的 1/2 处，呈 90°，由下往上再往下直绕挤出一瓣。

❻ 用同样手法再挤绕出 3 瓣作为第二层。

❼ 再用第二层手法制作出第三层，高度略低于上一层，花嘴要向外倾斜 25°左右。

❽ 制作好的玫瑰花。注意花蕊要包紧，整体花形要饱满，3 至 4 层即可。

康乃馨

→制作过程

❶ 将花嘴紧贴于米托尖端，由上往下抖 Z 形，把尖端包起。

❷ 将花嘴与花棒垂直 90°，平行抖出花瓣。

❸ 在上一层交错处挤出长而窄且带有弧度的花瓣。

❹ 继续制作花瓣，要注意花的整体造型。

❺ 在制作每一层花瓣时要注意花瓣的间距。

❻ 在制作最后几层花瓣时注意修饰整个花的花形。

❼ 在花瓣空隙的地方填上花瓣，注意间距以及花瓣抖动的幅度，最后将花的整体修整圆润，整体要求饱满。

百合花

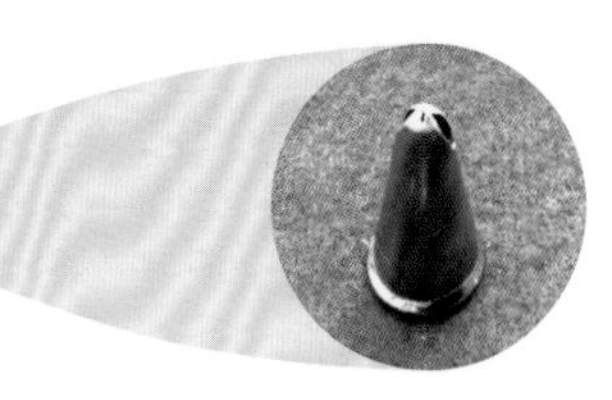

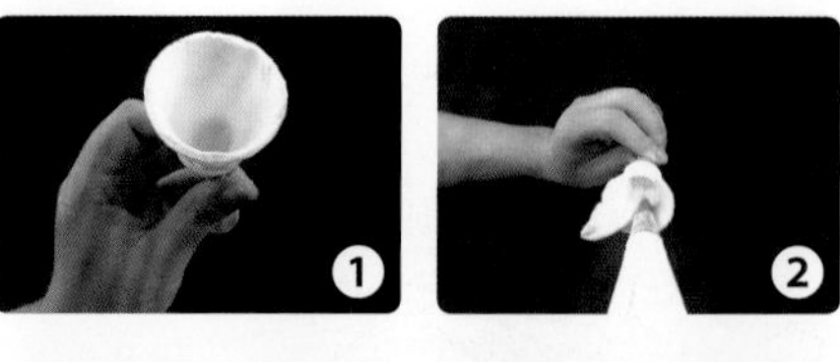

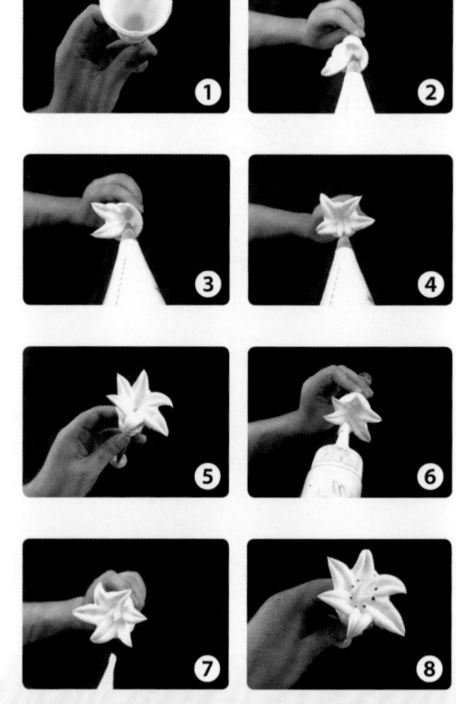

→制作过程

❶ 取米托一个，将圆端部位修整好备用。

❷ 从米托内由里向外拔出第一个花瓣，要求底部厚实。

❸ 根据第一个花瓣来定位后面花瓣的分区。

❹ 分区定位好后依次拔出后面四个花瓣，要求拔出尖。

❺ 最后一个花瓣要求不可叠压在前面的花瓣上。

❻ 取黄色喷粉在花的中心部位均匀喷上色。

❼ 用黄色细裱拔出花蕊。

❽ 用黑色果膏点出花粉。

菊花

→制作过程

1. 将米托圆端内填满鲜奶油备用。
2. 将花嘴紧贴于米托圆端中心，拔出花蕊，要求花蕊饱满圆润。
3. 将花嘴直立 90°，垂直上拔，不交错拔出第二层花瓣，花瓣高度与花蕊相同。
4. 花嘴微微向外 10°，不交错拔出第三层花瓣。
5. 将花嘴微向外倾斜 20°，交错拔出第四层花瓣。
6. 继续交错拔出第五层、第六层和第七层。注意制作每层时，花嘴随着花的开放程度而变换，每一层要比上一层倾斜 10°。
7. 将花嘴向外倾斜 20°，交错拔出外围花瓣，要求最外 2~3 层花瓣的长度依次增加。
8. 完成整朵花的制作，要求整体饱满，花瓣层次分明，排列整齐。

牡丹花

→制作过程

1. 米托圆端朝上，填上鲜奶油备用。
2. 将花嘴大头朝下，放在米托圆内 1/2 处，向上翘起 25° 左右，上下抖动挤出扇形花瓣。
3. 每一层收尾第五瓣制作时注意角度，要略微翘起。
4. 牡丹花呈圆形，每个花瓣呈半圆形。
5. 花嘴放至第二层根部，立起 80° ~ 90°，挤出第三层花瓣，须在花蕊部位留出足够空间。
6. 用绿色细裱在花中心挤出一个小圆球。
7. 将黄色鲜奶油装入细裱内，沿小球拔出数根花蕊，要求不能太粗。
8. 用黑色果膏点上花蕊。

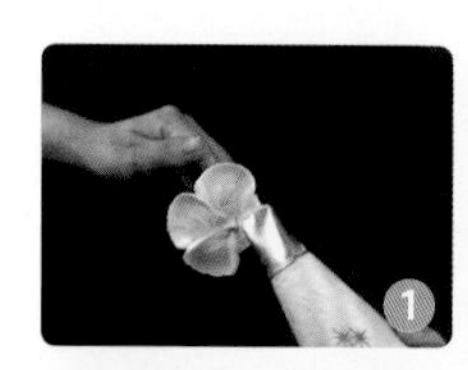

太阳花

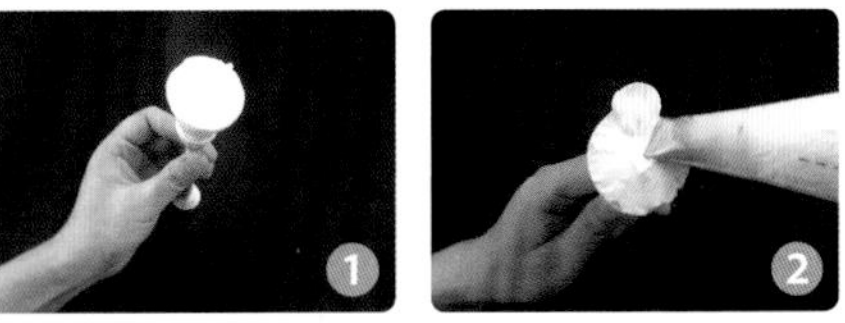

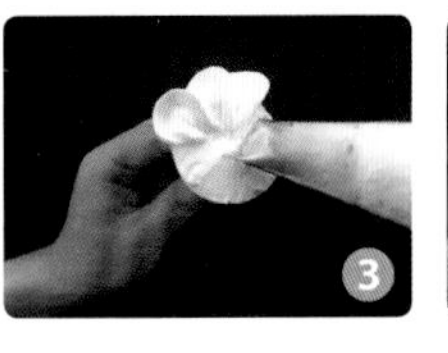

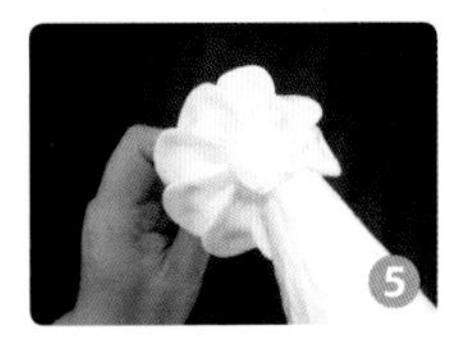

→制作过程

❶ 将鲜奶油装入细裱，在米托圆端内挤一层鲜奶油。

❷ 将花嘴的 1/2 放在米托圆面上，倾斜 30°，直挤出花瓣。

❸ 在第三个花瓣后挤出第四个花瓣。

❹ 太阳花呈圆形，每个花瓣呈半圆形。

❺ 装入黄色鲜奶油，沿圆球外围拔出花蕊。

❻ 用黄色鲜奶油挤出花蕊。

❼ 用巧克力软膏在底部挤出小黑点。

❽ 用巧克力软膏点缀时不宜过粗、过密。

蔷薇花

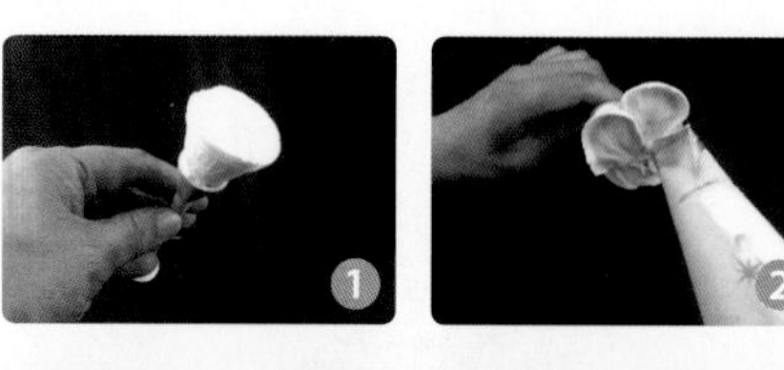

→制作过程

❶ 米托圆端朝上，填上鲜奶油将米托底座做好备用。

❷ 将花嘴大头朝下，放在米托圆内 1/2 处，左手转动米托，右手挤出鲜奶油，挤出扇形花瓣，收尾时花嘴角度要略翘于起步时的角度。

❸ 挤出第四个花瓣。

❹ 依次制作出第五个花瓣。

❺ 制作第五个花瓣时需要注意花瓣的角度，收尾时向内收。

❻ 用黄色鲜奶油挤出花蕊。

❼ 用巧克力软膏在底部挤出小黑点。

❽ 点缀巧克力软膏时不宜过粗、过密。

火鹤花

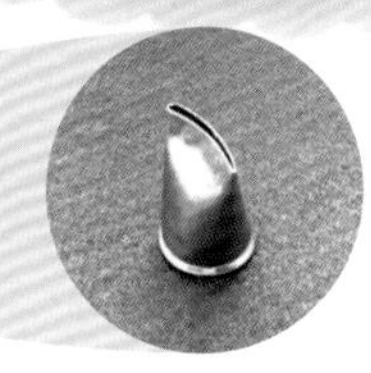

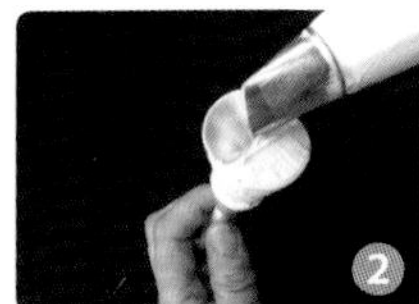

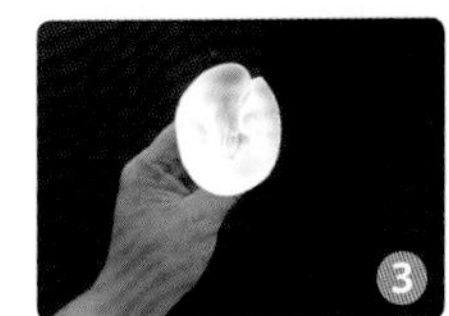

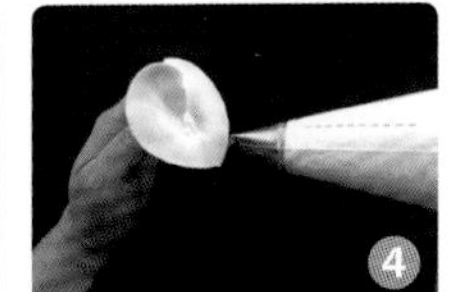

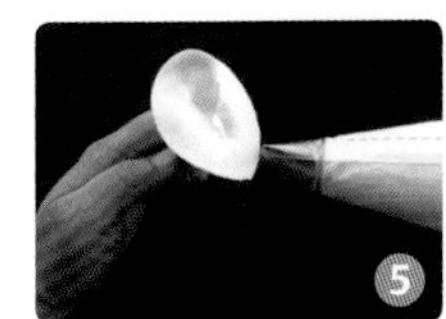

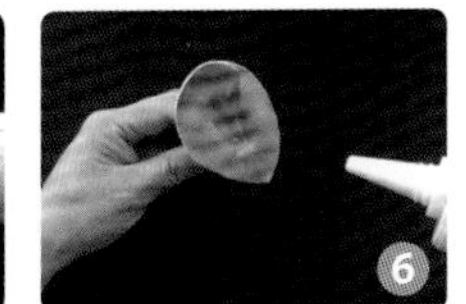

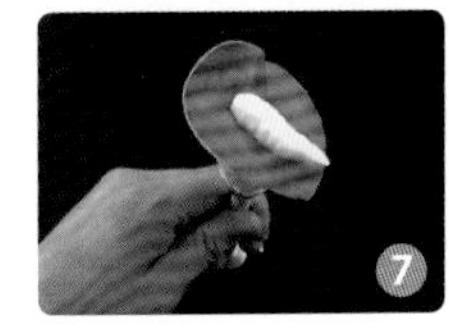

→ 制作过程

1. 米托圆端朝上，填上鲜奶油将米托底座做好备用。
2. 花嘴上下抖挤或直挤成扇形，进行此步时，花嘴几乎在原位置不动，通过转动米托进行制作。
3. 米托转动接近 180° 时，花嘴向后侧画一条线，然后继续向前抖挤。
4. 抖挤至起步点时，转动米托，花嘴向上翘起约 20°，画一条直线作为收尾。
5. 收尾后用花嘴或者剪刀修整花形。
6. 取玫瑰色喷粉在花的表面均匀地喷洒。
7. 在花的正中间用黄色细裱挤出花蕊。
8. 将巧克力软膏装入细裱，点上小黑点作为装饰。

月季

→ 制作过程

❶ 将花嘴薄头朝上，紧贴米托尖部挤出鲜奶油，直绕一圈，作为花蕊。

❷ 将花嘴放在第一个花瓣的 1/3 处，直绕挤出第二个花瓣。

❸ 在第二个花瓣的 1/3 处挤出第三个花瓣，花嘴与米托垂直。

❹ 用上述手法制作出四瓣为一圈的花瓣。

❺ 第二圈花瓣制作好后，花嘴向内倾斜 45°，制作出第三圈花瓣。

❻ 第四圈花瓣制作时花嘴要向内倾斜 30°左右，花瓣约为四瓣。

❼ 制作最后一层花瓣时，注意花嘴的角度要放平。

❽ 制作好的月季花。注意花瓣略短，整体花形圆润，花瓣共制作 4~5 层。

荷花

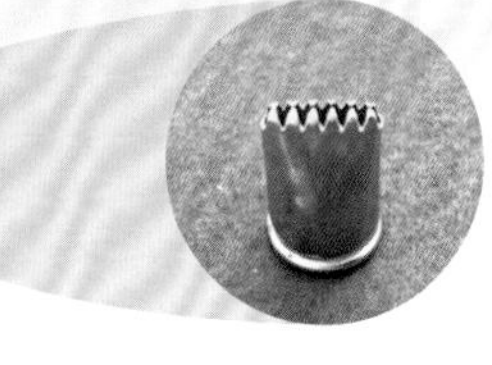

→制作过程

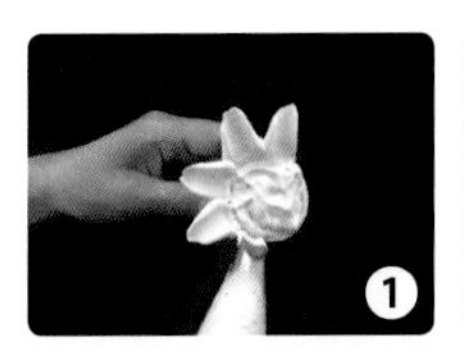

1. 用鲜奶油填满米托，将花嘴倾斜 30°，放置在米托圆端外，直拔出一圈花瓣。
2. 花瓣根部鲜奶油较厚，至边缘渐渐变薄。
3. 在第一层根部交错处，将花嘴倾斜 60°，弯拔出一圈花瓣。
4. 在第二层花瓣交错处，花嘴直立 90°，弯拔出一圈花瓣。
5. 花心那层花瓣拔出时要往里弯。
6. 用绿色细裱挤出圆球，要求圆润。
7. 用黑色果膏点出花蕊，整体花型圆润，每层花瓣大小、长短统一。

卡通十二生肖制作

生肖制作基础知识

• 认识十二生肖 •

想要做好十二生肖，首先要了解每种生肖的主要特征，包括它们的生活习性、身体比例，仔细观察它们身体的各个部位、动作、神态。

本书裱动物基本上分为六个步骤，第一，了解生肖的生活习性和生存环境。第二，裱出生肖的身体，注意体态的变化。第三，制作出动物的四肢和尾巴，注意动态的变化。第四，做出生肖的五官，注意要突出细节及面部神态。第五，用线条描绘，突出生肖的特征。第六，用色彩点缀生肖身体，注意明暗色彩的搭配。

在制作前如果能够手绘出生肖的身体特征，会对后期的学习有很大帮助。

• 制作卡通生肖的操作技巧 •

握裱花袋手法：右手握裱花袋，虎口卡紧，左手支撑着右手，这样可以将裱花袋握得更稳，如图 1 。要学会控制鲜奶油的出量与花嘴移动的速度，图 2 为花嘴移动得较快，图 3 为花嘴移动得较慢。

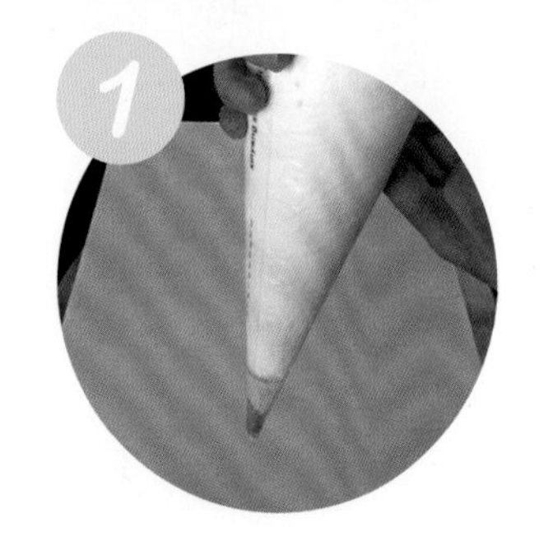

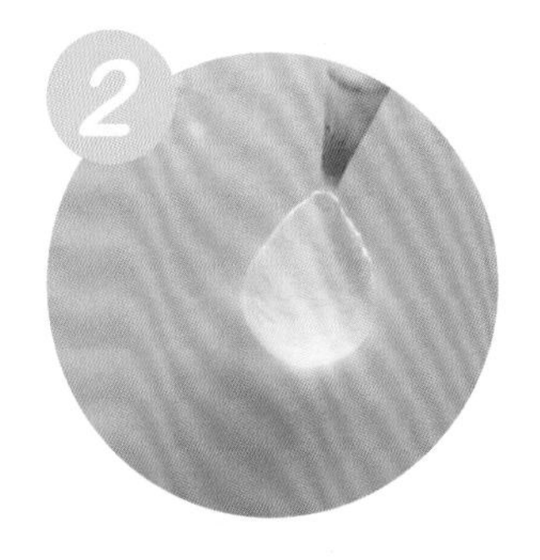

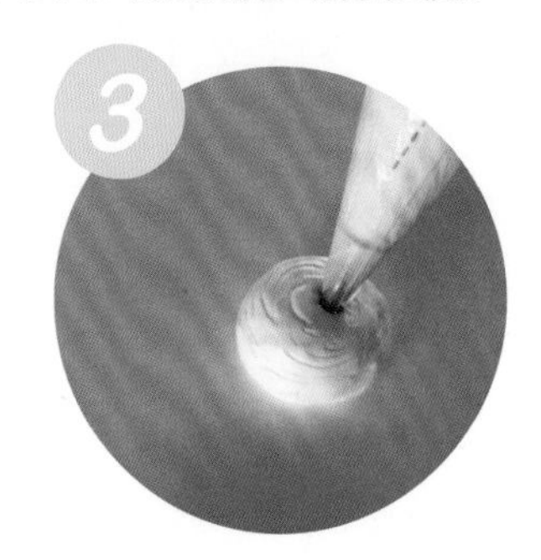

卡通鼠

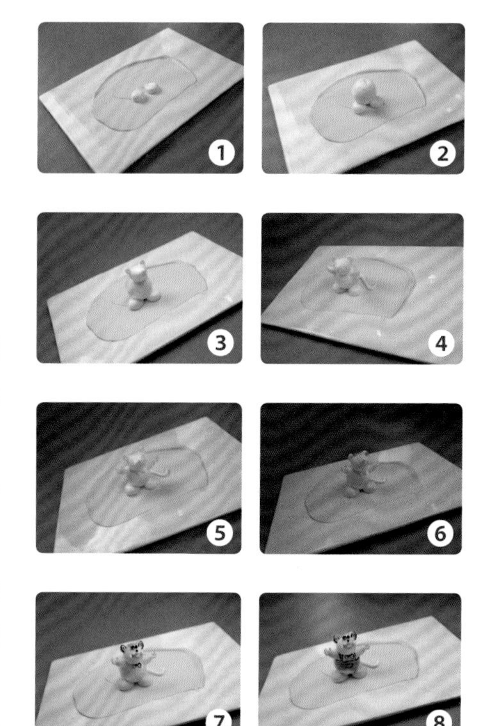

→ 制作过程

❶ 用绿色果膏在平盘上抹上背景，然后用小圆嘴装裱花袋，装上打发好的鲜奶油。花嘴垂直于平盘，向前推挤出小雨点形状，作为卡通鼠的脚。

❷ 用小圆嘴垂直于平盘，在卡通鼠脚上挤出身体，身体要直，且饱满。

❸ 将小圆嘴倾斜 45°，并插进卡通鼠身体里挤出头，头和身体的比例大概是 1:1，然后用奶油细裱挤出卡通鼠的耳朵。

❹ 挤出卡通鼠的尾巴，尾巴大概和身体长度一样，形状要自然。

❺ 用小圆嘴挤出卡通鼠的胳膊，然后用奶油细裱挤出手指。

❻ 用奶油细裱挤出头发和装饰。

❼ 用喷粉对卡通鼠喷色，首先用黄色打底，不要喷得过多；然后用咖啡色在卡通鼠的背部和头发上喷少许，颜色要过渡自然。

❽ 先用奶油细裱挤出眼睛和牙齿，拔上胡子，最后用黑色拉线膏画出卡通鼠五官，线条要流畅干净。至此，卡通鼠制作完成。

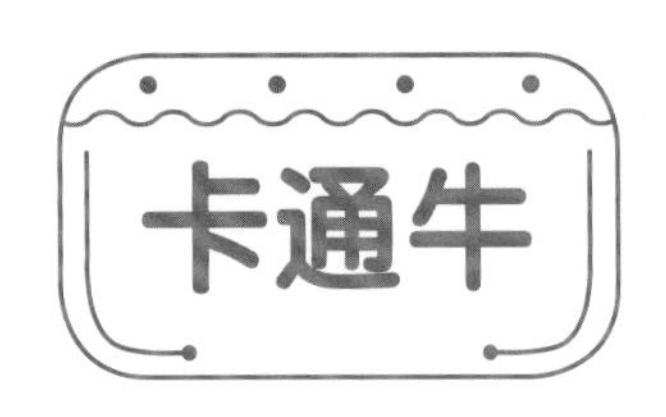

卡通牛

→制作过程

❶ 用绿色果膏在平盘上抹上背景，用小圆嘴装裱花袋，装上打发好的鲜奶油，花嘴垂直于平盘先挤出饱满的身体，然后垂直于身体挤出圆形的头。身体和头的比例大概是 3:2。

❷ 用小圆嘴挤出卡通牛的四肢和嘴巴，并用奶油细裱挤出鼻孔。用咖啡色奶油细裱挤出卡通牛的牛角，牛角要对称。再用白色奶油细裱挤出耳朵和手指，耳朵呈柳叶状。可以适当地给它做装饰，如在它怀里挤出一个奶瓶。

❸ 用黄色喷粉给卡通牛喷色，颜色不要过重，然后用咖啡色过渡一下。

❹ 用黑色拉线膏给卡通牛画上五官和其他点缀，再用红色拉线膏画出舌头。

❺ 用黄色奶油细裱挤出头发，在卡通牛的周围裱上花卉做装饰。至此，卡通牛制作完成。

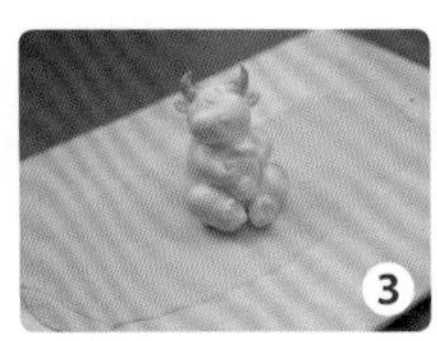

卡通虎

→制作过程

❶ 用绿色果膏在平盘上抹上背景，用小圆嘴装裱花袋，装上打发好的鲜奶油，花嘴倾斜 60° 挤出卡通虎的身体，然后倾斜 45° 挤出头部，头要圆，要饱满。

❷ 用小圆嘴挤出卡通虎的四肢和尾巴，尾巴大概和身体一样长。

❸ 先用小圆嘴插进去挤出鼻子和嘴巴，然后用奶油细裱挤出眼睛和耳朵，再用黑色拉线膏画出五官和身上的花纹。

❹ 先用黄色喷粉给卡通虎喷色打底，然后用橙色过渡，最后用咖啡色着色，颜色过渡要自然。

❺ 用红色拉线膏画出卡通虎的舌头，然后用白色奶油细裱挤出卡通虎的胡子和眉毛。至此，卡通虎制作完成。

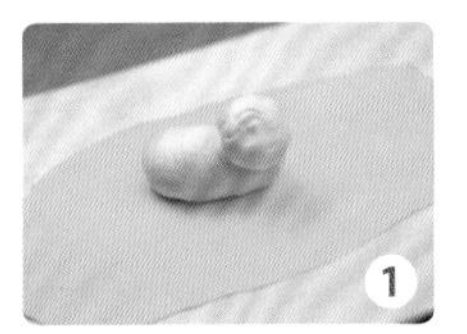

卡通兔

→制作过程

❶ 用绿色果膏在平盘上抹上背景，然后用小圆嘴装裱花袋，装上打发好的鲜奶油，花嘴垂直于平盘挤出卡通兔的身体和头部，身体和头部都要饱满，且比例大约为 3:2。

❷ 用小圆嘴挤出卡通兔的四肢和耳朵，四肢要自然。

❸ 用小圆嘴挤出两个小雨点状做卡通兔的眼睛，然后再左右挤出横着的雨点状做嘴巴，再用白色奶油细裱挤出胡子，并把耳朵画得更形象。

❹ 用白色奶油细裱挤出卡通兔的手指，然后将卡通兔的耳朵喷成粉红色。

❺ 用黑色拉线膏画出卡通兔的五官，并用红色拉线膏画出卡通兔的鼻子和舌头。

❻ 在卡通兔周围挤出胡萝卜或白菜做装饰。至此，卡通兔制作完成。

卡通龙

→制作过程

❶ 用绿色果膏在平盘上抹上背景，然后用小圆嘴装裱花袋，装上打发好的鲜奶油，花嘴垂直于平盘挤出卡通龙的身体和头部，身体和头部都要饱满，且比例大约为 3:2。

❷ 用小圆嘴挤出卡通龙的四肢和尾巴，然后用白色奶油细裱挤出卡通龙身上的毛，四肢的毛都顺着一个方向倒向身体，尾巴上的毛都倒向尾尖。

❸ 用白色奶油细裱挤出卡通龙的嘴巴、鼻子和手指，并拔出胡子。

❹ 给卡通龙挤出耳朵，用黄色喷粉打底给卡通龙上色，用橙色在卡通龙的毛发上过渡，然后将毛发喷成咖啡色，并用白色奶油细裱挤出卡通龙的胸部。

❺ 用黑色拉线膏画出卡通龙的五官和指甲，用红色拉线膏画出舌头。

❻ 用白色奶油细裱挤出龙角，并拉出胡须。至此，卡通龙制作完成。

卡通蛇

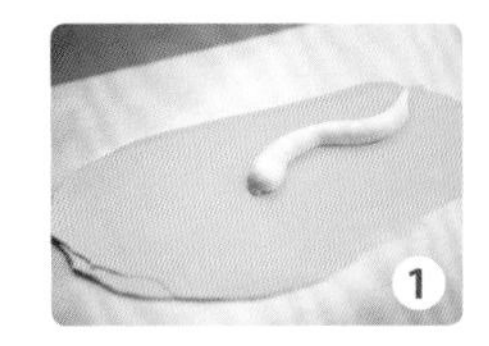
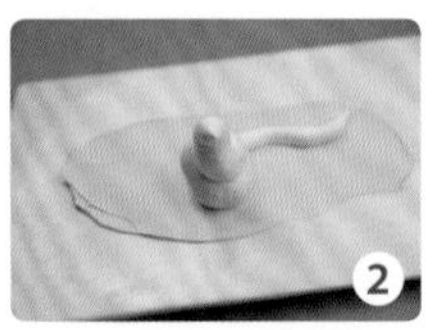
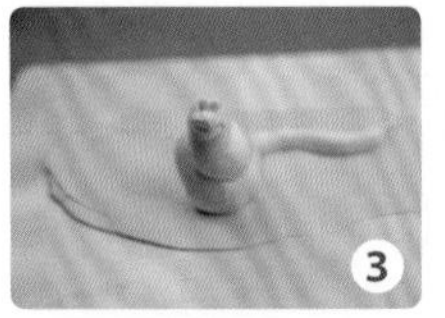

→制作过程

❶ 用绿色果膏在平盘上抹上背景，然后用小圆嘴装裱花袋，装上打发好的鲜奶油，挤出卡通蛇的尾巴，偏“S”形，幅度可大可小。

❷ 挤出卡通蛇的身体和头部，身体绕圆柱挤出，在顶端挤出一个稍圆的球作为头部。

❸ 挤出腮帮，鼓圆些，左右对称圆润，挤出两个圆球状的眼睛，要注意大小，鼓的圆球不要太大。

❹ 用黑色拉线膏画出五官，在头上挤出帽子作为装饰。

❺ 画出卡通蛇身上的花纹。

❻ 给卡通蛇的身体喷上黄色，头上的帽子喷上深橙色，用黑色拉线膏做点缀，再用白色奶油细裱拔出信子，可将信子喷成红色或者调成红色。至此，卡通蛇制作完成。

卡通马

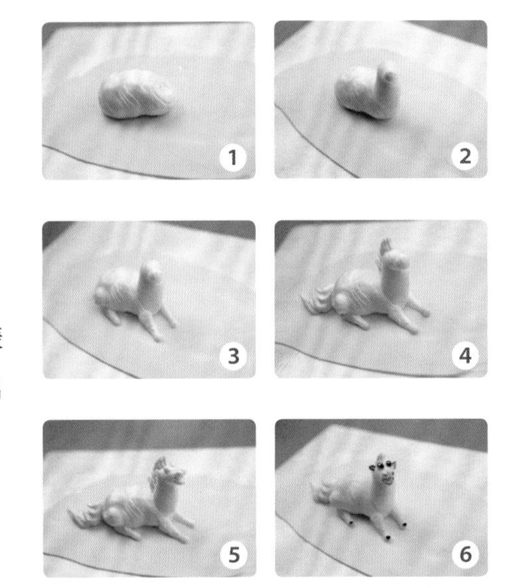

→制作过程

❶ 用绿色果膏在平盘上抹上背景，然后用小圆嘴装裱花袋，装上打发好的鲜奶油，花嘴垂直向左拉挤出马的躯干。

❷ 把小圆嘴插进躯干里挤出卡通马的脖子及头部。

❸ 用细裱插进躯干挤出卡通马的四肢，四肢要细长，大腿略粗，大小腿之间要自然过渡。

❹ 挤出尾巴和鬃毛，尾巴呈“S”形，细裱细些会较好看并显得飘逸。

❺ 挤出五官，鼓出鼻子；挤出竖起的耳朵，耳朵要小且呈柳叶形；挤出两个圆球作为眼睛，要求左右对称。

❻ 先用黄色喷粉打底，然后用橙色过渡，最后在背上喷上咖啡色。用黑色拉线膏画出五官和四肢上的脚，耳朵用粉色喷粉略喷一下。至此，卡通马制作完成。

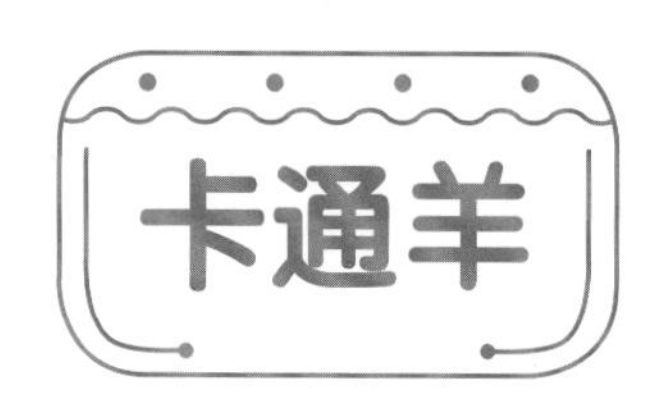

卡通羊

→ 制作过程

❶ 用绿色果膏在平盘上抹上背景，然后用小圆嘴装裱花袋，装上打发好的鲜奶油，花嘴垂直于平盘向左拉挤出卡通羊的身体，身体要显得略胖。

❷ 将小圆嘴插进卡通羊的身体拉出四肢和头部，四肢略短，头部要小些，再挤出卡通羊的尾巴，尾巴要短且小。

❸ 用细裱挤出羊毛，除四肢及头部（头部后脑勺除外）不挤羊毛外，其他地方都要挤上羊毛。

❹ 用细裱挤出卡通羊的五官和羊角，眼睛在头部侧边长度的 1/2 处（左右对称、大小均匀）；盘羊的角要稍大些并且要用土黄色鲜奶油挤，左右对称（注意鲜奶油出量）；耳朵呈柳叶形，在羊角前面；鼻子与耳朵、眼睛在一条直线上。

❺ 用黑色拉线膏画出五官和羊角的纹路以及四肢上面的脚，再用红色果膏在嘴巴下方画出舌头。至此，卡通羊制作完成。

→制作过程

❶ 用绿色果膏在平盘上抹上背景，然后用小圆嘴装裱花袋，装上打发好的鲜奶油，花嘴垂直于平盘向后拉挤出卡通猴的身体，屁股部分向上翘起。

❷ 将圆嘴插进卡通猴的身体挤出稍扁的头部和粗短的四肢，再挤出尾巴。

❸ 挤出五官，首先挤出嘴巴的轮廓，然后挤出两个圆鼓鼓的眼睛，再挤出耳朵，耳朵要圆一点，最后刻画细节，挤出嘴边的腮毛和四肢的手趾和脚掌。

❹ 用黑色拉线膏画出五官，用红色拉线膏在嘴上画出舌头，产生俏皮的感觉，再挤出手脚上的猴毛。

❺ 用黄色和橙色喷粉喷出身体和四肢的颜色。至此，卡通猴制作完成。

卡通鸡

→ 制作过程

❶ 用绿色果膏在平盘上抹上背景，然后用小圆嘴装裱花袋，装上打发好的鲜奶油，花嘴垂直于平盘，向上挤出卡通鸡的身体，大致呈卵形。

❷ 用细裱拉出两边的翅膀和后面的尾巴，注意左右对称、大小一致，控制好鲜奶油的出量。

❸ 挤出鸡冠，从一个点出发，拔 3~4 根；挤出嘴巴，上嘴尖且下勾，下嘴尖且上勾；再在嘴巴上面挤出圆鼓鼓的眼睛，然后挤出鸡下冠。

❹ 全身喷上黄色喷粉（眼睛除外），翅膀喷上橙色，身上也喷点橙色做点缀，鸡冠、嘴巴里面喷上红色喷粉。

❺ 用黑色拉线膏画出眼睛，挤出脚并喷上棕色，旁边用细裱拔出绿色的小草。至此，卡通鸡制作完成。

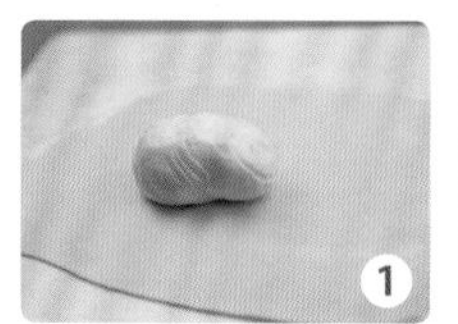

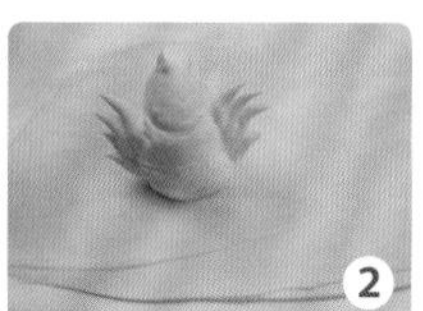

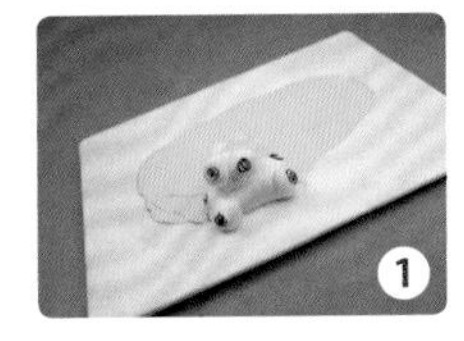

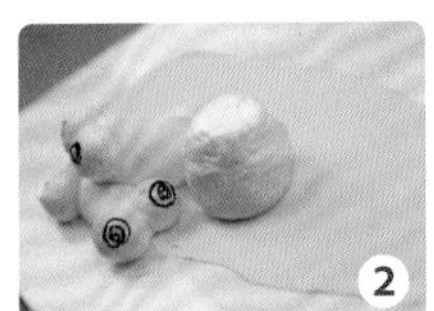

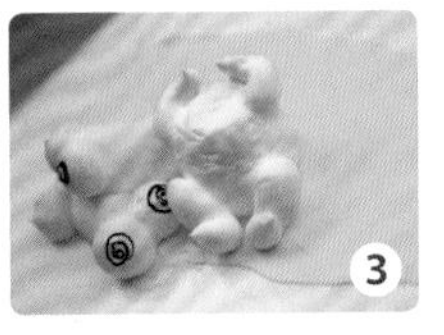

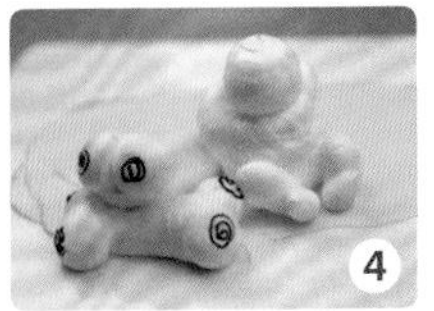

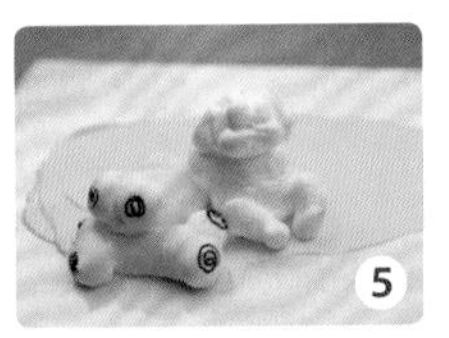

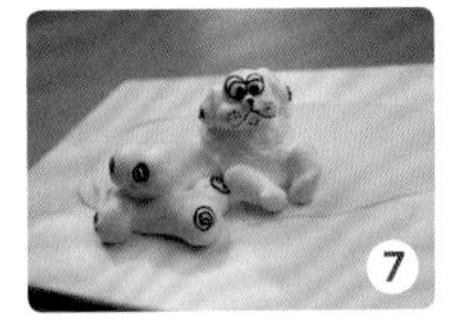

→制作过程

❶ 用绿色果膏在平盘上抹上背景，然后用小圆嘴装裱花袋，装上打发好的鲜奶油，挤出两根骨头，喷上黄色喷粉，并用黑色拉线膏画出装饰。

❷ 将裱花嘴垂直在平盘上挤出一个圆形作为卡通狗的身体。

❸ 将裱花嘴插进身体挤出卡通狗的四肢，要短且粗。

❹ 挤出一个圆球做卡通狗的头部。

❺ 挤出卡通狗的两个腮帮子，在腮帮子上方挤出卡通狗的眼睛，并在头部两侧挤出耳朵。

❻ 在腮帮子和眼睛中间挤出卡通狗的鼻子。

❼ 用黑色拉线膏画出卡通狗的五官以及耳朵的花纹。

❽ 喷上黄色和橙色喷粉。在头上挤出发髻，并喷上深粉色的喷粉，在旁边拔出绿色的小草做点缀。至此，卡通狗制作完成。

卡通猪

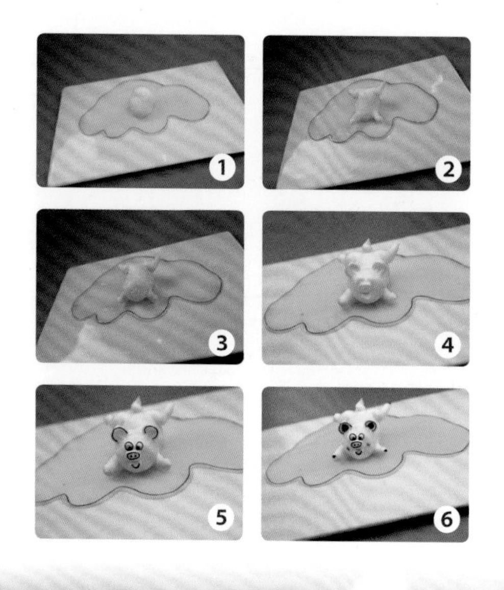

→制作过程

❶ 用绿色果膏在平盘上抹上背景，用黑色拉线膏在周边勾边，然后用小圆嘴装裱花袋，装上打发好的鲜奶油，花嘴垂直于平盘向后拉挤出一个大圆球作为卡通猪的身体。

❷ 用小圆嘴插进卡通猪的身体，然后挤出四肢，四肢要短且偏粗。

❸ 将小圆嘴倾斜 45°，并插进卡通猪身体里挤出一个小圆球，作为卡通猪的头部。

❹ 用细裱挤出卡通猪的五官和尾巴，耳朵稍肥大些，尖部可稍弯些；鼻子略向上提，呈圆柱形；眼睛以鼻子为中心线，在鼻子上方挤出圆鼓鼓的眼睛；嘴巴在鼻子下方；尾巴绕圈裱，要短小一些。

❺ 用黑色果膏画出卡通猪的五官。

❻ 在耳朵上挤上红色果膏，嘴巴和脸颊用粉色喷粉稍喷一下。至此，卡通猪制作完成。

欧式蛋糕

水果的切法

制作欧式水果蛋糕时常用的水果有：苹果、圣女果、猕猴桃、火龙果、杨桃、红提、芒果。

猕猴桃切法一

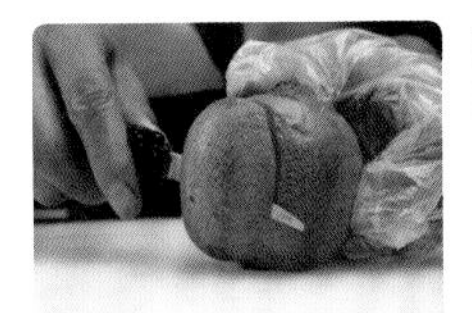

1 用雕刻刀从猕猴桃 1/3 处垂直切开。

2 切开后的猕猴桃如图所示。

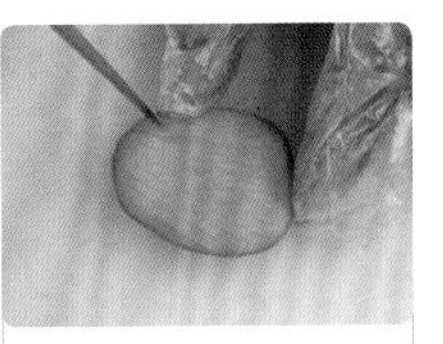

3 用雕刻刀将猕猴桃平行切出层次。

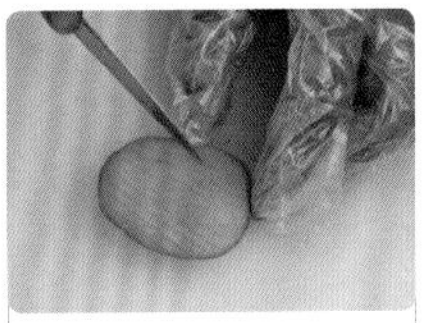

4 用雕刻刀从猕猴桃的另一个角度平行切出层次。

5 手指按住中间反扣，成为龟壳形状。

猕猴桃切法二

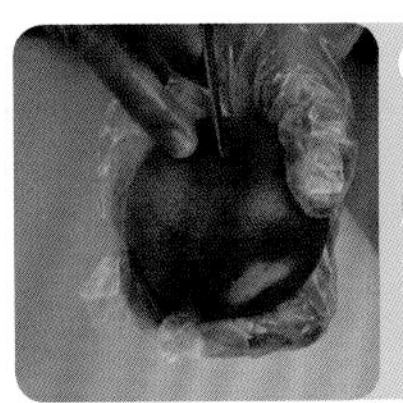

1 雕刻刀斜插入猕猴桃中部。

2 用雕刻刀斜插入猕猴桃中部后切成一圈 V 字形状。

3 切完后将其分开。

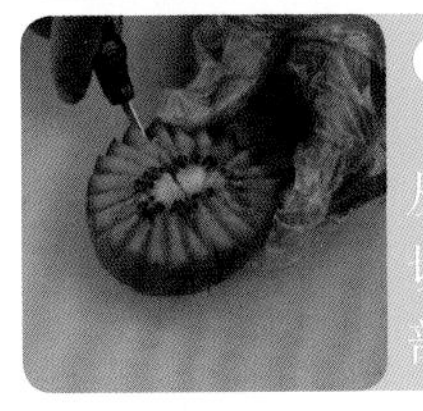

4 从猕猴桃中间切开，分成两部分。

5 再将其从中间切开，分成四个部分。

6 最后造型如图所示。

猕猴桃切法三

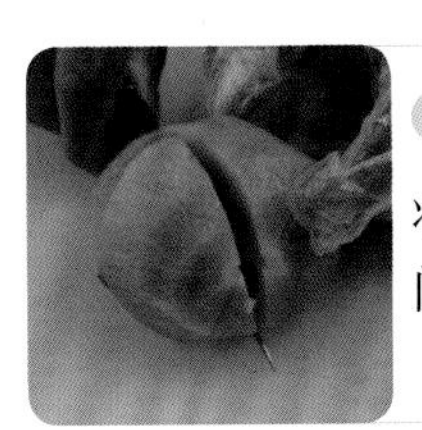

1 将猕猴桃从中间切开。

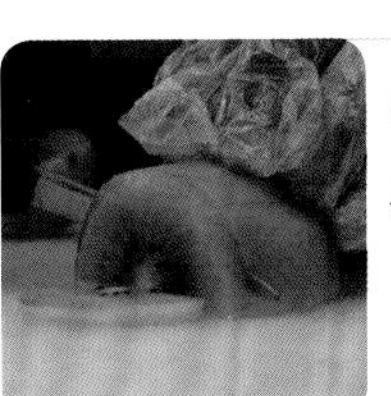

2 切成片状。

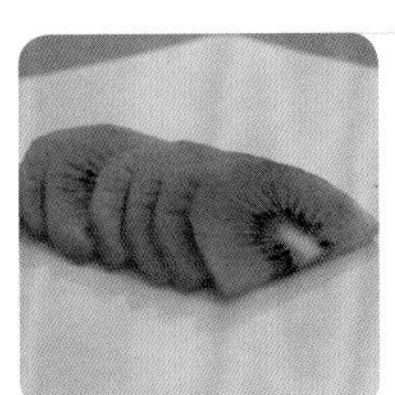

3 最后造型如图所示。

苹果切法一

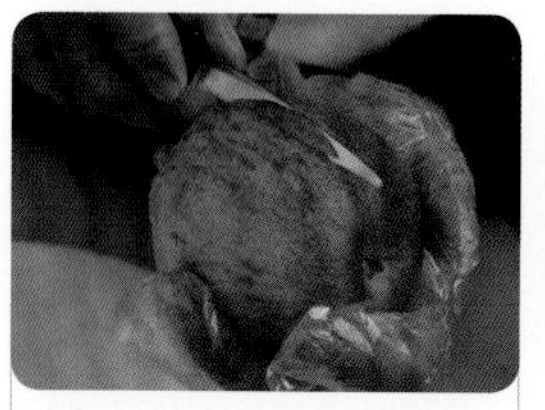

①

用雕刻刀从苹果表面斜切入，切成“V”字状。

②

从苹果表面依次放大“V”字开口。

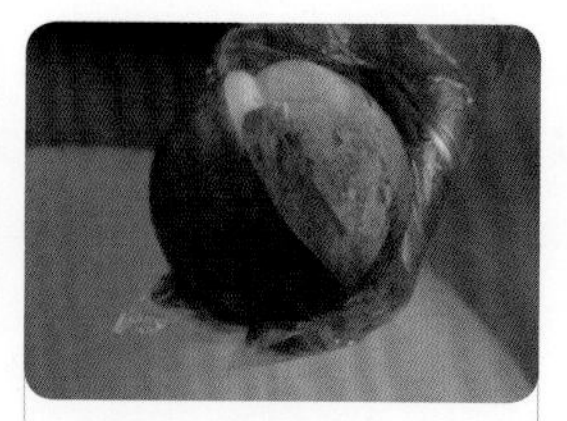

③

达到一定层次后取出，用手指向上推出。

④

最后造型如图所示。

苹果切法二

①

用雕刻刀从苹果的1/3处垂直切开。

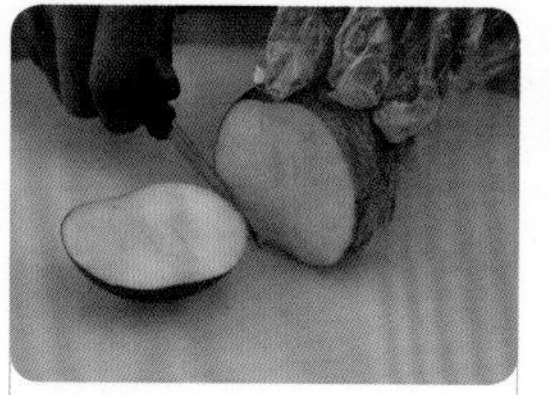

②

切成如图所示形状。

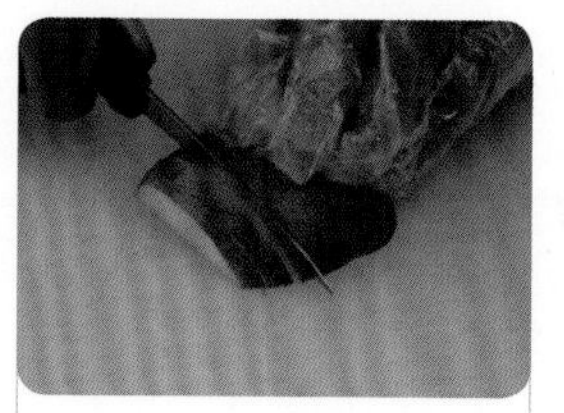

③

再将其切成薄片。

④

用手指将苹果展开成扇状。

火龙果切法一

①

从火龙果1/3处切开。

②

用雕刻刀将火龙果切成如图片状。

③

最后造型如图所示。

火龙果切法二

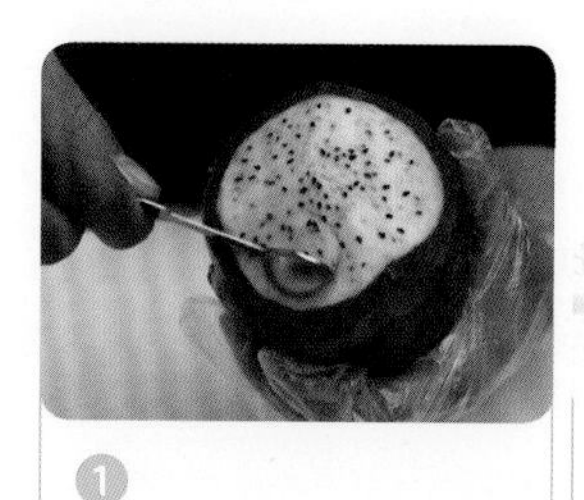

①

将火龙果切开，将挖球器放在火龙果表面，用力旋转。

②

挖出如图所示的球体。

③

最后造型如图所示。

圣女果切法

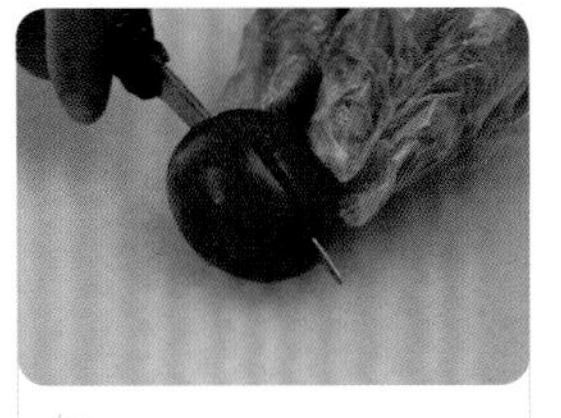

① 从圣女果中间切开。

② 切成如图所示。

③ 再将其对半切开。

④ 最后造型如图所示。

杨桃切法

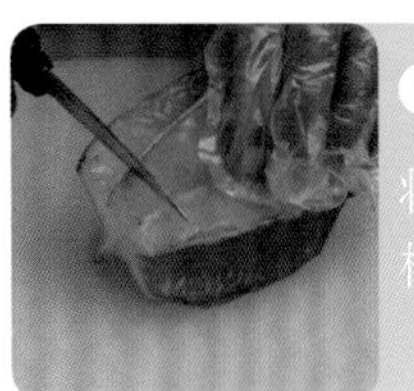

① 将雕刻刀放在杨桃的表面。

② 用力切开，成为五角星形状。

③ 最后造型如图所示。

芒果切法

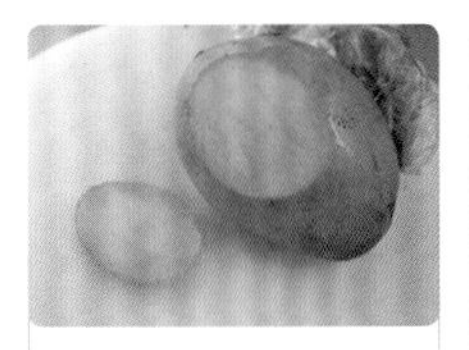

① 从芒果的1/5处切开。

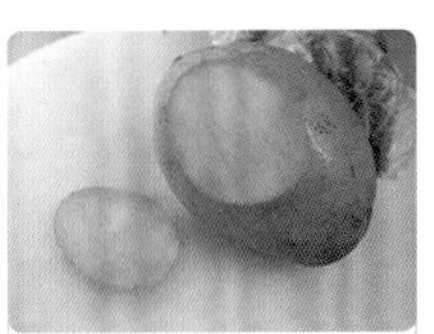

② 切成如图所示形状。

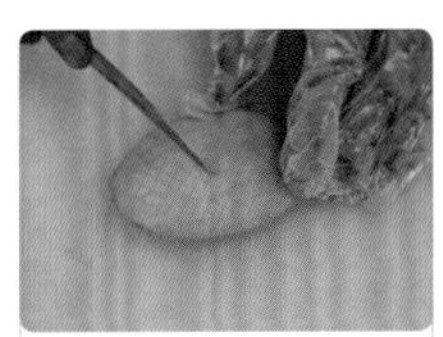

③ 用雕刻刀平行切出层次。

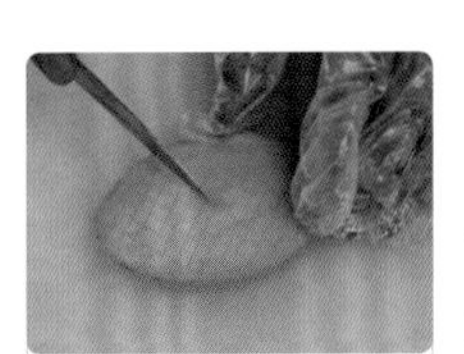

④ 再从芒果的另一个角度平行切出层次。

⑤ 手指按住中间反扣，呈龟壳形状，如图所示。

红提的切法

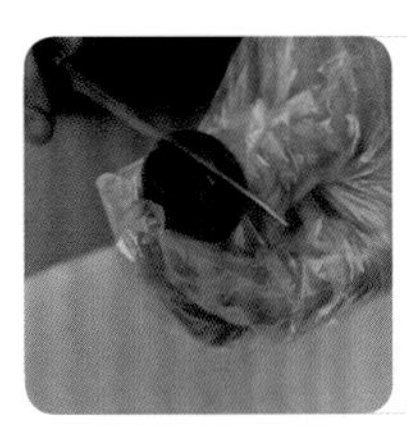

① 用雕刻刀从红提顶端切开。

② 将其平均分成六等份。

③ 再将其剥成如图所示形状。

可可西里

→制作过程

❶ 提前将鲜奶油解冻成液态，用鲜奶机将其搅打成鸡尾状。

❷ 将蛋糕坯抹成直坯形状，注意角度要垂直，表面要光滑。

❸ 用锯齿刮板贴在蛋糕侧面，转动转台将其带出锯齿花纹。

❹ 在蛋糕表面筛上可可粉，可可粉要均匀分布在蛋糕表面。

❺ 用锯齿花嘴在蛋糕表面挤上一圈鲜奶油球，鲜奶油球要大小一致。

❻ 将清洗干净的草莓放在鲜奶油球上，草莓大头朝里。

❼ 对称式摆放巧克力棒，并用薄荷叶做点缀。

❽ 成品如图所示，造型简洁、色彩协调。

美之旋律

→ 制作过程

❶ 提前将鲜奶油解冻成液态，用鲜奶机将其搅打成鸡尾状。

❷ 将蛋糕坯抹成直坯形状，注意角度要垂直，表面要光滑。

❸ 用圆形裱花嘴在蛋糕表面挤出如图造型，线条要流畅。

❹ 在花边内侧挤上蓝莓果馅，让其均匀分布。

❺ 用巧克力插件、水果进行装饰，色彩要协调。

❻ 用巧克力插件在蛋糕侧面进行点缀，成品如图所示。

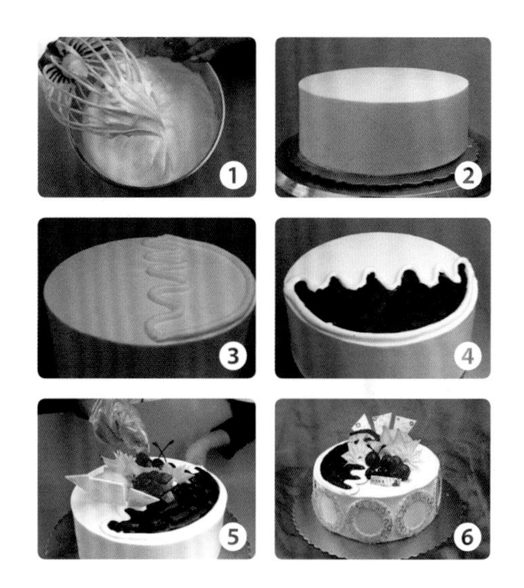

美好回忆

→ 制作过程

❶ 提前将鲜奶油解冻成液态，用鲜奶机将其搅打成鸡尾状。

❷ 将蛋糕坯抹成直坯形状，注意角度要垂直，表面要光滑。

❸ 在蛋糕侧面的 1/2 处淋上巧克力果膏，并将其带光滑。

❹ 在蛋糕表面挤上鲜奶油球，大小、间距要一致。

❺ 在抹刀上粘上巧克力果膏，在圆球的 1/2 处用一压一带的手法带出花纹。

❻ 水果切出造型，摆放在蛋糕上，然后用巧克力点缀即可。

编织的美梦

→制作过程

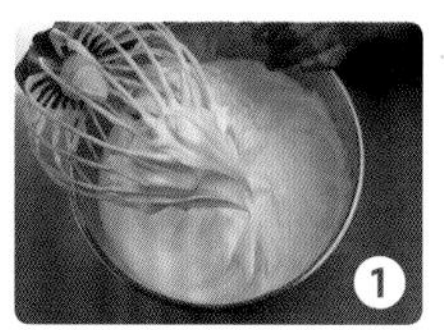

❶ 提前将鲜奶油解冻成液态，用鲜奶机将其搅打成鸡尾状。

❷ 将蛋糕坯抹成直坯形状，注意角度要垂直，表面要光滑。

❸ 用锯齿刮板贴在蛋糕侧面，转动转台将其带出锯齿花纹，花纹要均匀。

❹ 在蛋糕底部均匀地粘上熟花生碎，粘贴时要注意控制好力度，以免破坏蛋糕。

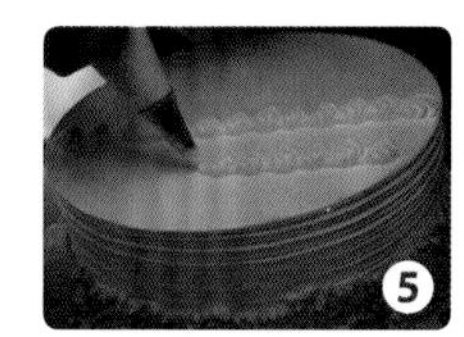

❺ 在蛋糕表面 1/3 处挤出一条花边，再在蛋糕的 1/5 处挤出一条花边。

❻ 在两条花边中间放上樱桃果馅，均匀分布。

❼ 用巧克力插件、水果、薄荷叶进行装饰。

❽ 成品如图所示，色彩搭配协调。

花样年华

→制作过程

❶ 提前将鲜奶油解冻成液态，用鲜奶机将其搅打成鸡尾状。
❷ 将蛋糕坯抹成直坯形状，注意角度要垂直，表面要光滑。
❸ 在蛋糕侧面粘上熟的杏仁薄片，粘杏仁薄片时要控制好力度。
❹ 在蛋糕表面拉直线，线条之间距离、大小要一致，线条要粗细均匀。
❺ 在线条之间挤上巧克力果膏，分量要控制好，防止巧克力果膏流动。
❻ 用水果、巧克力插件、薄荷叶进行装饰。
❼ 造型如图所示，色彩搭配要协调。

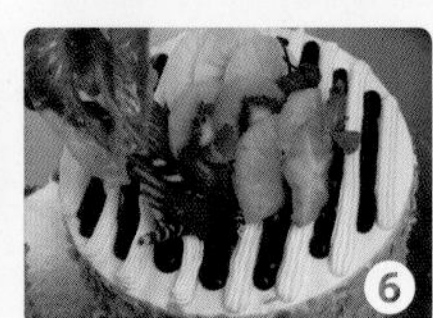

巧克力蛋糕

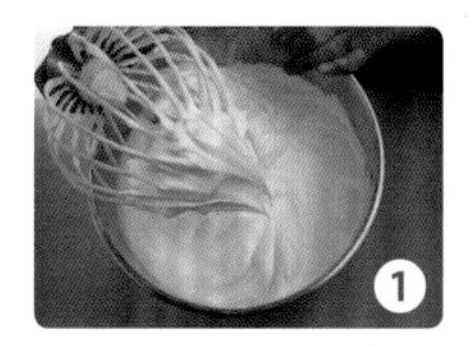

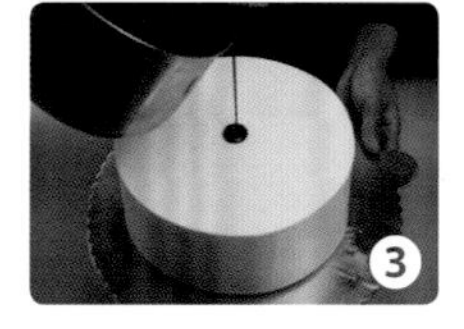

→制作过程

❶ 提前将鲜奶油解冻成液态，用鲜奶机将其搅打成鸡尾状。

❷ 将蛋糕坯抹成直坯形状，注意角度要垂直，表面要光滑。

❸ 将巧克力隔水融化成液态，并将其冷却至30℃左右，淋在蛋糕表面。

❹ 用巧克力淋面时要注意力度的控制，巧克力要全部分布在蛋糕表面。

❺ 在蛋糕的底部粘上花生碎作为装饰，力度要控制到位。

❻ 以对称形式在蛋糕上摆放巧克力插件、水果装饰，色彩要协调。

❼ 成品如图所示。

→制作过程

❶ 提前将鲜奶油解冻成液态，用鲜奶机将其搅打成鸡尾状。
❷ 将蛋糕坯抹成直坯形状，注意角度要垂直，表面要光滑。
❸ 提前将牛奶白巧克力刨出碎片，将其粘在蛋糕坯上，均匀分布。
❹ 对称摆放水果，色彩搭配要协调。
❺ 在水果上刷上透明果膏，以增加其亮度，成品如图所示。

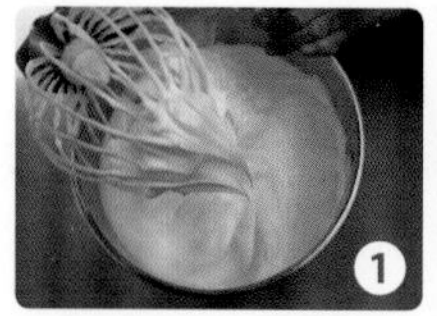

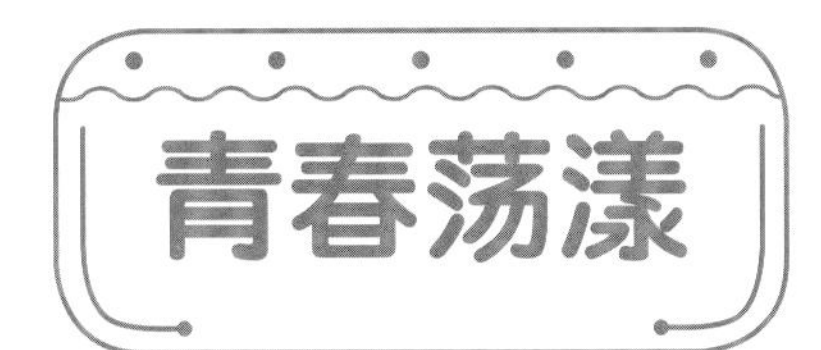

青春荡漾

制作过程

1. 提前将鲜奶油解冻成液态，用鲜奶机将其搅打成鸡尾状，注意搅打速度不能过快。
2. 将蛋糕坯抹成直坯形状，注意角度要垂直，表面要光滑。
3. 提前将黑巧克力刨成碎片，将其粘在蛋糕坯上，注意力度的控制，碎片分布要均匀。
4. 在装有锯齿裱花嘴的裱花袋中装上鲜奶油，在蛋糕表面挤上六个鲜奶油球，鲜奶油球大小要一致。
5. 在鲜奶油球上摆放黑色车厘子，用弹簧巧克力、彩网装饰，对称式摆放。
6. 蛋糕中心用薄荷点缀即可。

浪漫人生

→制作过程

❶ 提前将鲜奶油解冻成液态，用鲜奶机将其搅打成鸡尾状，注意搅打速度不能过快。

❷ 将蛋糕坯抹成直坯形状，注意角度要垂直，表面要光滑。

❸ 巧克力淋面提前融化好，待巧克力淋面温度约为30℃时淋在蛋糕坯上。

❹ 巧克力淋面将蛋糕坯全部覆盖。

❺ 在蛋糕底部挤上水滴花边，水滴花边的大小要一致。

❻ 将水果切成不同造型摆放在蛋糕上，用巧克力插件进行点缀。

❼ 成品如图所示。

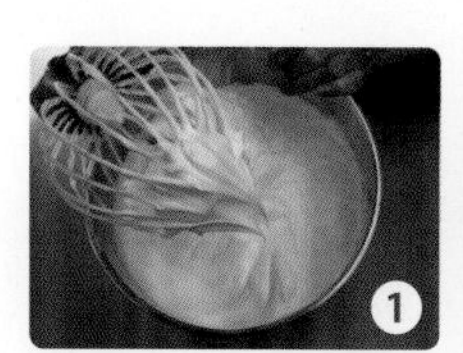
1

2

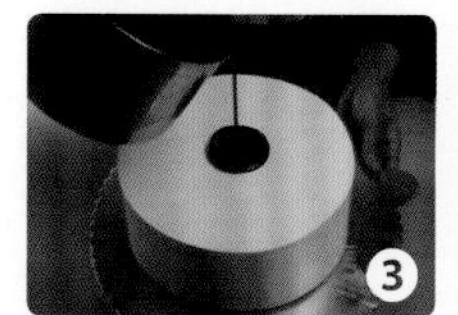
3

4

5

6

7

陶艺蛋糕

陶艺工具及技法

工具

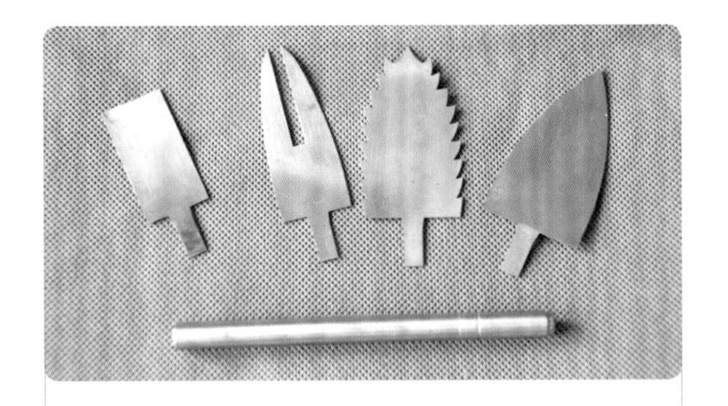

多功能小铲

由一根棒和四个叶片构成，不锈钢材质，供制作陶艺蛋糕时做花纹使用。

吸囊

有各种造型的不锈钢吸头，供吸洞使用。

欧式刮片

有各种造型的软质刮片，供制作陶艺蛋糕时切面使用。

喷火枪

用于给陶艺工具加热。

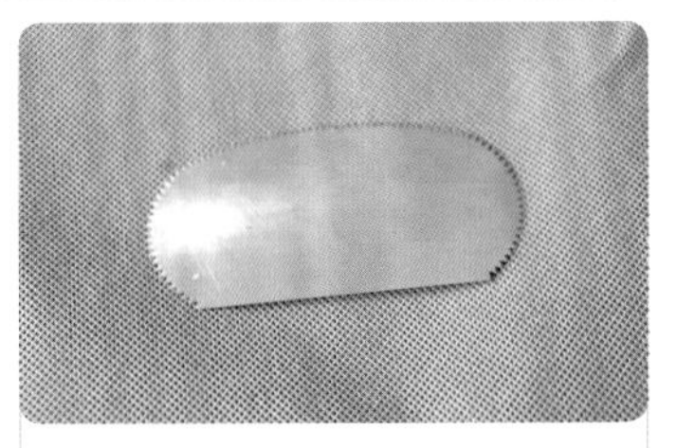

万能刮片

不锈钢材质，供制作陶艺蛋糕时塑造花纹。

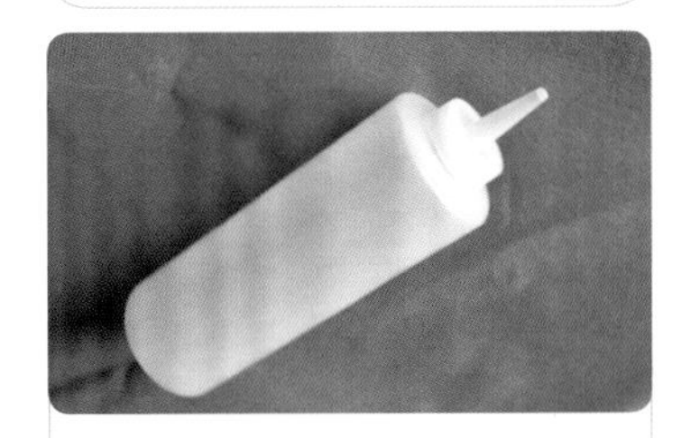

吹瓶

塑料材质，供制作陶艺蛋糕时吹边使用。

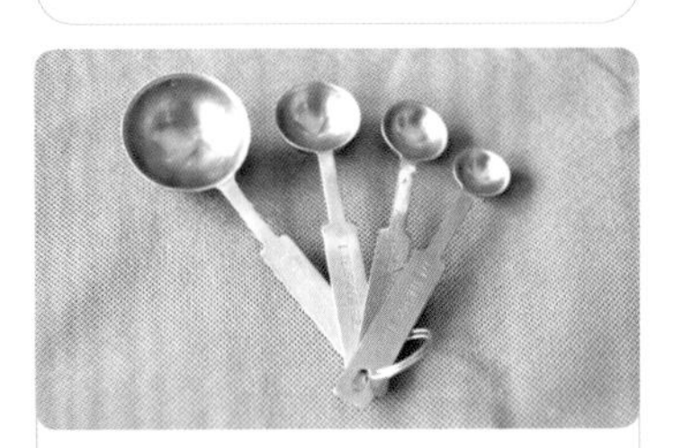

烫勺

由不锈钢材质构成，供制作陶艺蛋糕时烫面使用。

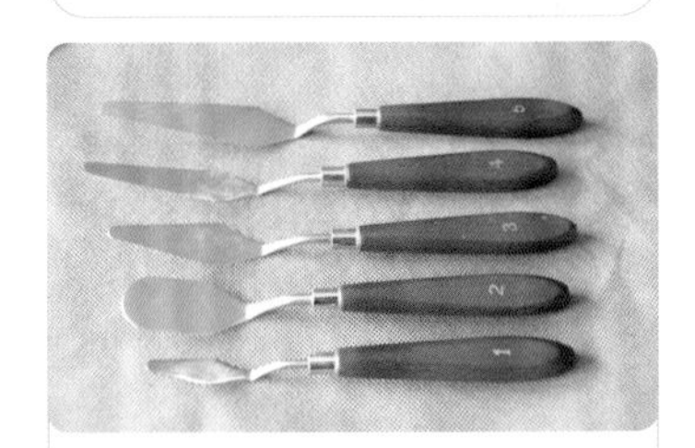

陶艺蛋糕雕刻刀

供制作陶艺蛋糕时雕刻各种造型。

• 技法 •

欧式刮片使用技法

1 用欧式刮片将蛋糕压出断面。

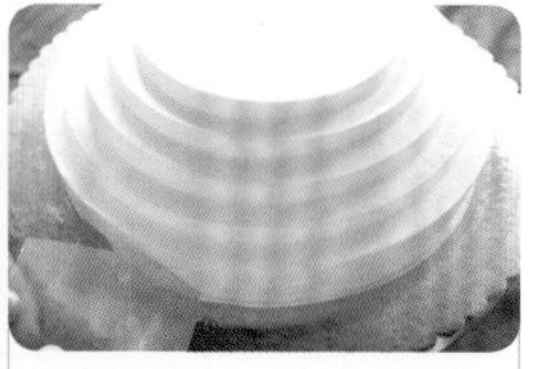

2 用欧式刮片将蛋糕底部多余的鲜奶油处理干净。

3 用欧式刮片在蛋糕表面制作花纹。

多功能小铲使用技法

1 用多功能小铲在蛋糕表面压出一圈花纹。

2 依此类推，用此方法在蛋糕表面压出第二圈花纹。

3 最终造型如图所示。

吹瓶使用技法

1 用刮片切出一层薄面。

2 用吹瓶吹出波浪。

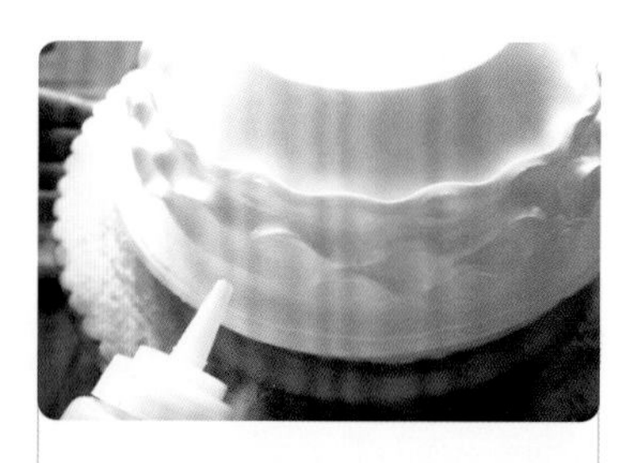

3 依照此方法吹出第二层波浪。

吸囊应用技法

1 将蛋糕掏出一个凹槽。

2 用抹刀在蛋糕表面掏出另一个凹槽。

3 用吸囊在蛋糕侧面吸出一个圆洞。

4 在蛋糕表面用吸囊吸出圆洞。

水之蓝

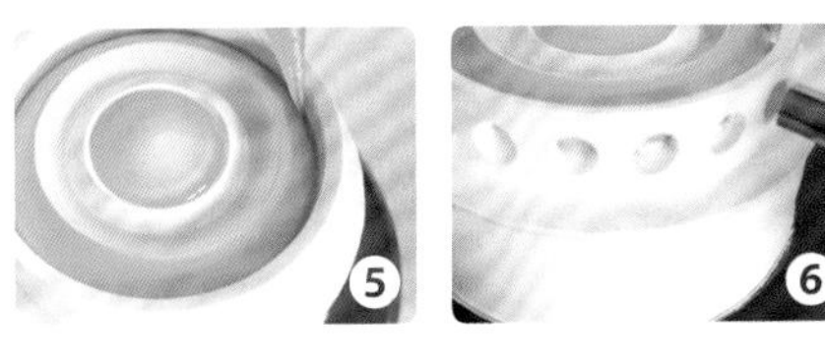

→制作过程

❶ 用已打发的鲜奶油抹出直坯。

❷ 在顶部边缘约 1cm 处用小刮片将边缘下压垂直。

❸ 用小刮片将顶口切开。

❹ 用同样的手法向内切出 3 层。

❺ 在切好的凹槽内挤入蓝色果膏。

❻ 将圆形吸囊管加热后，间隔吸出鲜奶油，均匀排列。

❼ 在切出的边缘顶部挤上蓝色果膏并抹平，用欧式刮片压出纹路。

❽ 用小刮片将多余的鲜奶油切除，下压切出底部一层，再制作出与 ❼ 相同的纹路即可。

青涩年华

→制作过程

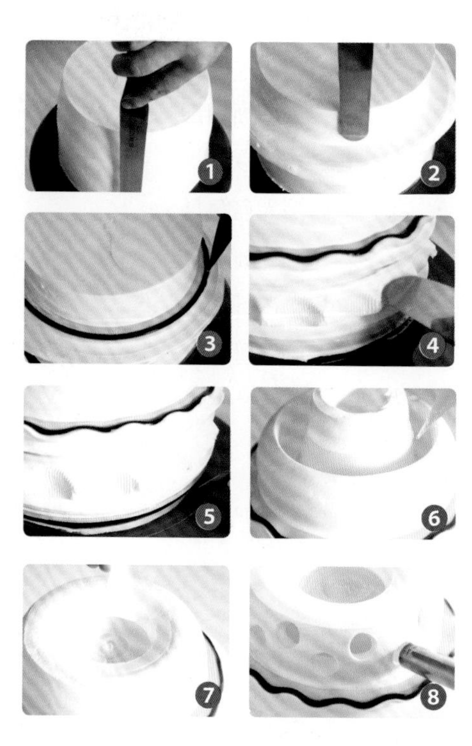

❶ 用已打发的鲜奶油抹出直坯。

❷ 在顶部距边缘约 1.5cm 处用抹刀下压垂直。

❸ 切出一道薄边，在边缘挤一圈黑色果膏，里面挤入黄色果膏。

❹ 用吹瓶吹边，用刮片切出一层，再用带齿纹的圆弧形刮片下压出纹路。

❺ 将多余的鲜奶油切除，在距底部约 1.5cm 处抹平，挤上黄色果膏和黑色果膏抹平。

❻ 在顶部用抹刀以内推的手法切出凹槽，挤入绿色果膏。

❼ 用抹刀慢慢将中心的鲜奶油覆盖到凹槽上，再用小刮片抹出圆弧形，取出顶部的部分鲜奶油。

❽ 将圆形吸囊管加热后，交错均匀地吸出鲜奶油，在顶部挤入绿色果膏即可。

青蓝光影

→ 制作过程

1. 用已打发的鲜奶油抹出一个坯。
2. 用抹刀在侧面切出一道边，将鲜奶油往中心推。
3. 在凹槽内挤入蓝色果膏。
4. 用小刮片在侧面切出一道薄边，切下的鲜奶油覆盖到第一层切边上。
5. 用抹刀在顶部以内推的手法切出凹槽。
6. 在凹槽内挤入蓝色果膏，将中心的鲜奶油覆盖在凹槽上并抹平。
7. 在距底部 1.5cm 左右处切出一道薄边，边缘挤上一圈绿色果膏，用吹瓶吹出均匀的吹边，在吹边以下的空白部分挤上绿色果膏并抹平。
8. 将圆形的吸囊管加热后，在顶部和侧面间隔地吸出鲜奶油，均匀排列即可。

裙角轻扬

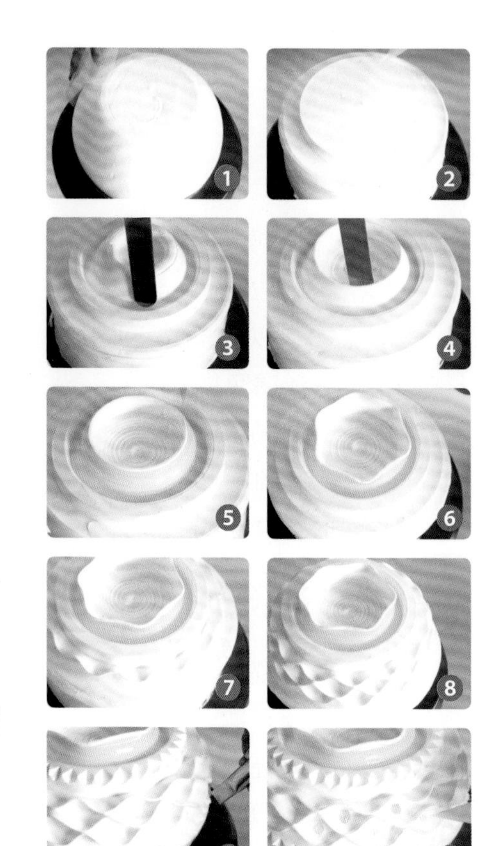

→制作过程

❶ 用已打发的鲜奶油抹出直坯。
❷ 在顶部距边缘约 1cm 处用抹刀将边缘下压垂直。
❸ 用抹刀在顶部以内推的手法切出凹槽。
❹ 将中心的鲜奶油切成薄边，取出多余的鲜奶油。
❺ 在凹槽内挤入绿色果膏。
❻ 用吹瓶吹出吹边。
❼ 用小刮片在蛋糕侧边切出一道薄边后再用吹瓶吹出吹边。
❽ 用同样的手法向上吹出第二层、第三层。
❾ 在吹边下面切出一层，用方形吸囊管的一角在平面上压出纹路，在底部淋上绿色果膏并抹平。
❿ 在吹边边缘挤上黄色果膏，交错挤黄、绿色果膏，最后在顶部中心挤入黄色果膏，抹平即可。

纯真年代

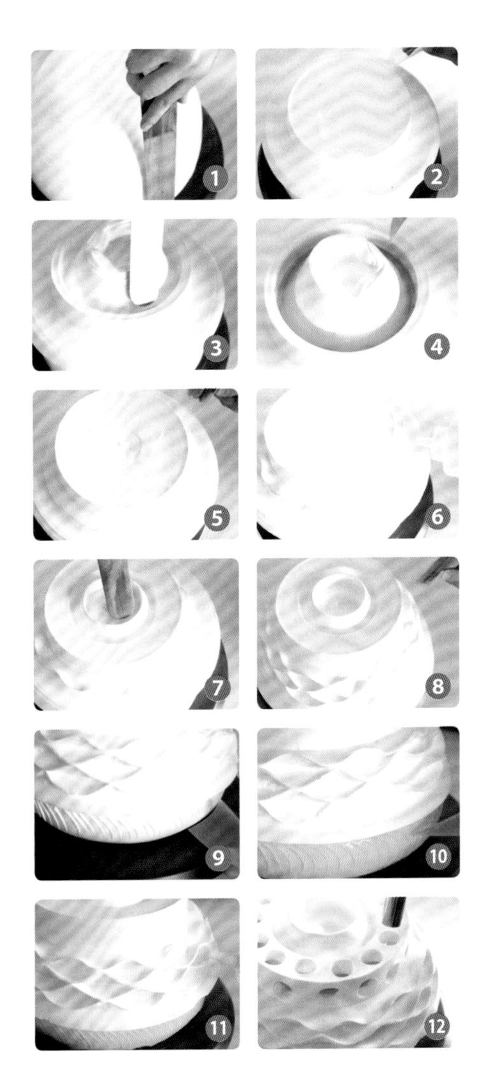

→制作过程

❶ 用已打发的鲜奶油抹出一个圆坯。

❷ 在蛋糕顶部距边缘约 1cm 处用抹刀将边缘下压垂直。

❸ 用抹刀在顶部以内推的手法切出凹槽。

❹ 在凹槽内挤入绿色果膏。

❺ 用抹刀将中心的鲜奶油覆盖在凹槽上且抹平。

❻ 切出一道薄边且吹出吹边。

❼ 在顶部中心内推切出一道薄边,将中心的鲜奶油取出。

❽ 依次用小刮片切出 4 层薄边，然后用吹瓶向上吹出 4 层吹边。

❾ 用小刮片将底部刮圆且拍打出纹路。

❿ 在底部淋上绿色果膏，在顶部中心挤入黄色果膏。

⓫ 在吹边的间隙处均匀地喷上黄色喷粉。

⓬ 将圆形的吸囊管加热后，在蛋糕顶部和侧面均匀地吸出鲜奶油形成大小一致的圆洞即可。

节日蛋糕

母亲节蛋糕

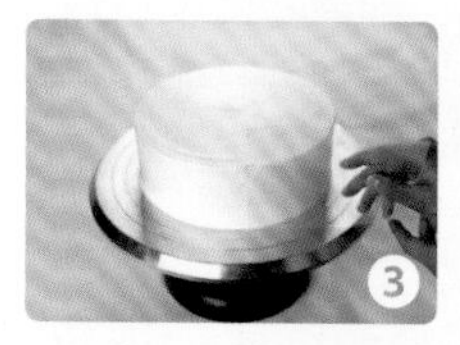

→制作过程

❶ 将鲜奶油以中速打发至六七成，装入裱花袋中，然后均匀地挤在蛋糕坯的侧面。

❷ 接着将鲜奶油挤在蛋糕坯的表面。

❸ 用刮片将蛋糕坯的顶部和侧面抹平、抹光。

❹ 用花嘴在蛋糕基础坯体上挤上大小均匀的花边。

❺ 均匀地挤上鲜奶油细丝。

❻ 用红色果膏点缀蛋糕侧边的花边。

❼ 挤出三朵康乃馨花卉，摆放在蛋糕基础坯体上。

❽ 挤出绿叶，写上“母亲节快乐”即可。

圣诞节蛋糕

→ 制作过程

❶ 将鲜奶油以中速打发至六七成，装入裱花袋中，然后均匀地挤在蛋糕坯的表面。

❷ 用刮片将蛋糕坯的侧面抹平、抹光，刮片垂直于转台，并与蛋糕坯呈35°角。

❸ 用刮片将蛋糕坯的顶部抹平、抹光。

❹ 在蛋糕侧面淋上一层巧克力果膏，用抹刀抹均匀，再淋上白色鲜奶油。

❺ 蛋糕底部挤上花边，裁出三角形蛋糕坯做出鲜奶房子。

❻ 在米托上做出圣诞树，并摆放在蛋糕上。

❼ 挤出圣诞老人的身体、头部等，描绘出眼睛、嘴巴。

❽ 摆放上水果，洒上透明果膏即可。

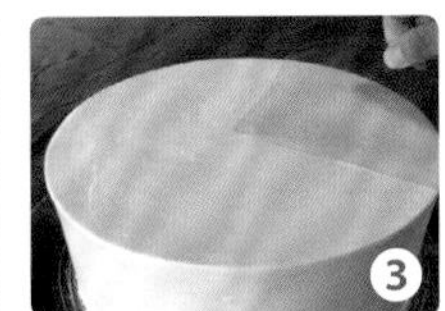

儿童节蛋糕

→制作过程

❶ 将鲜奶油以中速打发至六七成，装入裱花袋中，然后均匀地挤在蛋糕坯的表面。

❷ 用抹刀将蛋糕坯的侧面抹平、抹光，刮片垂直于转台，并与蛋糕坯呈35°角。

❸ 用抹刀将蛋糕坯的顶部抹平、抹光。

❹ 用抹面专用软刮紧贴蛋糕侧面，把蛋糕抹成弧形。

❺ 在鲜奶油基础坯体上挤上白色圆球。

❻ 用巧克力软膏描绘出卡通羊的眉毛、眼睛、嘴巴。

❼ 插上巧克力做羊角，挤上耳朵。

❽ 摆上水果装饰。

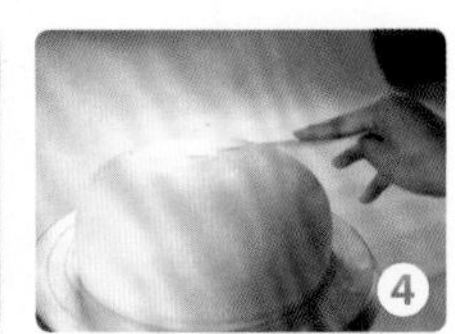

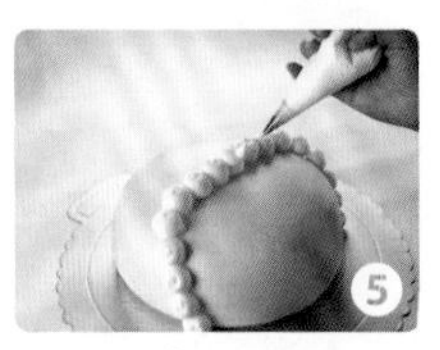

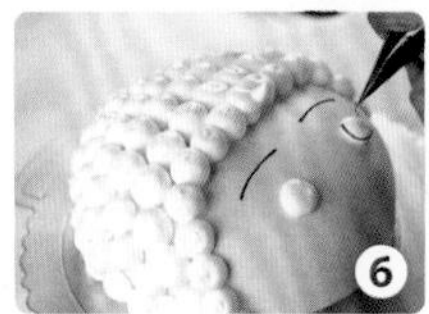

情人节蛋糕

→ 制作过程

1. 裁出心形坯体。
2. 用鲜奶油抹出心形坯体轮廓，把蛋糕坯体抹平、抹光。
3. 在抹好的心形坯体四周贴上一圈巧克力饰件。
4. 围上一圈丝带，开始挤玫瑰花。
5. 在蛋糕坯体表面挤上一圈玫瑰花。
6. 挤好的玫瑰花在蛋糕坯体上围成一个心形。
7. 中间洒上白巧克力屑，用玫瑰花瓣装饰。

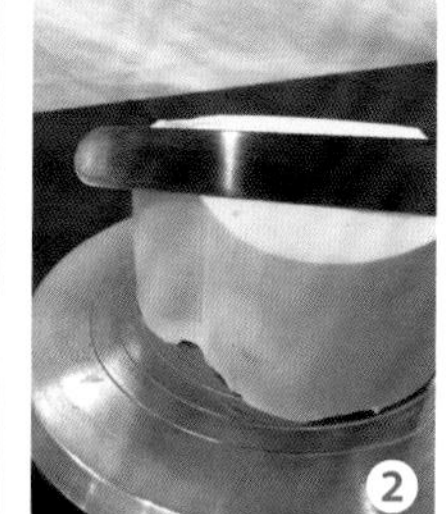
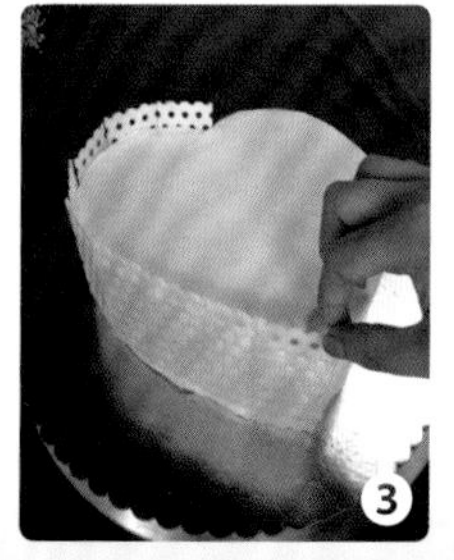
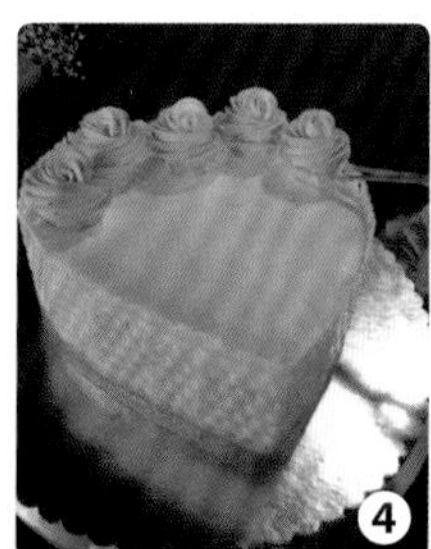

父亲节蛋糕

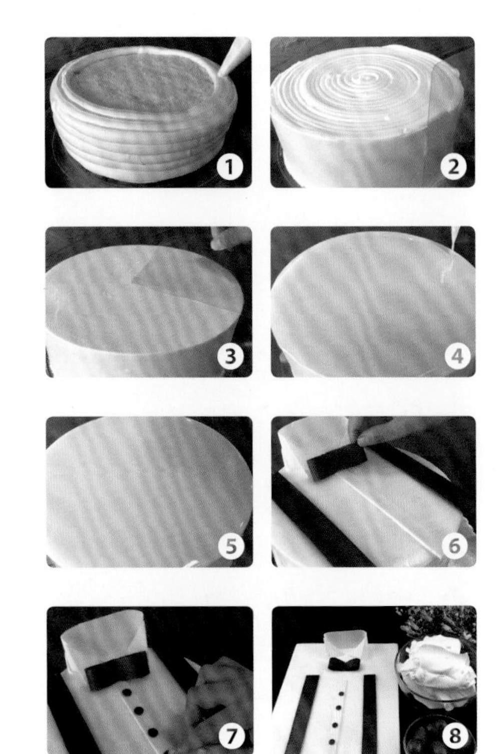

→制作过程

❶ 将鲜奶油以中速打发至六七成，装入裱花袋中，然后均匀地挤在蛋糕坯的表面。

❷ 用刮片将蛋糕坯的侧面抹平、抹光，刮片垂直于转台，并与蛋糕坯呈 35° 角。

❸ 用软刮板将蛋糕坯的顶部抹平、抹光。

❹ 在坯体上淋上果膏。

❺ 用软刮板把表面抹平。

❻ 在蛋糕坯体上放上巧克力蝴蝶结。

❼ 按比例在蛋糕坯体上放上巧克力纽扣。

❽ 摆上水果装饰。

感恩节蛋糕

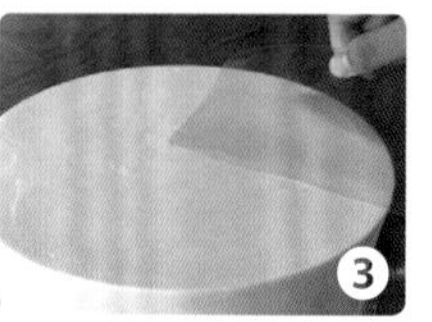

→制作过程

❶ 将鲜奶油以中速打发至六七成，装入裱花袋中，然后均匀地挤在蛋糕坯的表面。

❷ 用刮片将蛋糕坯的侧面抹平、抹光，刮片垂直于转台，并与蛋糕坯呈 35° 角。

❸ 用刮片将蛋糕坯的顶部抹平、抹光。

❹ 在坯体上淋上巧克力果膏。

❺ 用刮片把巧克力果膏抹平。

❻ 用刮片在四周围上巧克力屑。

❼❽ 摆上巧克力花卉及其他装饰件。

贺寿类蛋糕

寿桃蛋糕

→制作过程

❶ 准备好所需要的原料和工具：鲜奶油、喷粉、果膏、抹刀、剪刀、毛巾、锯齿刀等。

❷ 将三个重油蛋糕坯组合后，用锯齿刀裁剪成中部大、底部直、上面小尖的坯体，再从侧边修出一条缝，并且修剪光滑，用抹刀均匀地抹上一层鲜奶油，抹出寿桃蛋糕的雏形。

❸ 用软刮板将寿桃表面抹至光滑，并对寿桃整体进行修饰。

❹ 用大红色喷粉、玫红色喷粉、橙色喷粉、柠檬黄色喷粉依次从寿桃的顶部往下喷出颜色，注意颜色的渐变和晕染。

❺ 将透明果膏装入裱花袋中，剪一个细口，从寿桃的顶部慢慢往下淋上透明果膏。

寿桃双层蛋糕

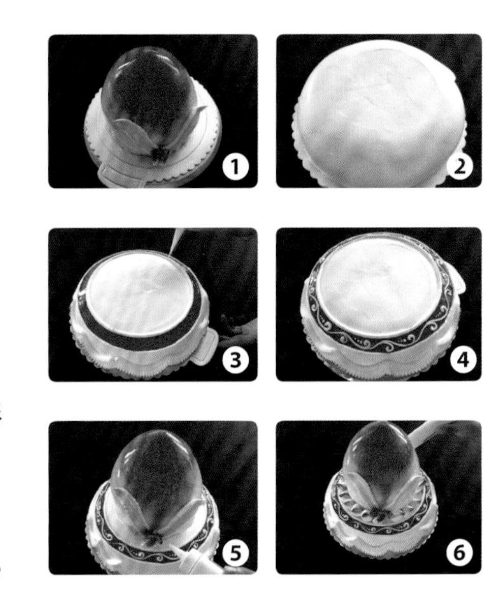

→制作过程

❶ 先抹出一个寿桃坯，做出叶子和枝干待用。
❷ 取一个 12 寸的生日蛋糕坯，用之前学过的抹弧形坯的手法抹好。
❸ 在蛋糕上做出花边，在中间淋上大红色果膏。
❹ 用奶油细裱在红色果膏部分画出 S 形花纹作为装饰。
❺ 将做好的寿桃挑到 12 寸蛋糕上，注意要放到正中间。
❻ 用寿桃花嘴在大寿桃外面一圈裱上小寿桃作为装饰，并用大红色喷粉将其喷上颜色。

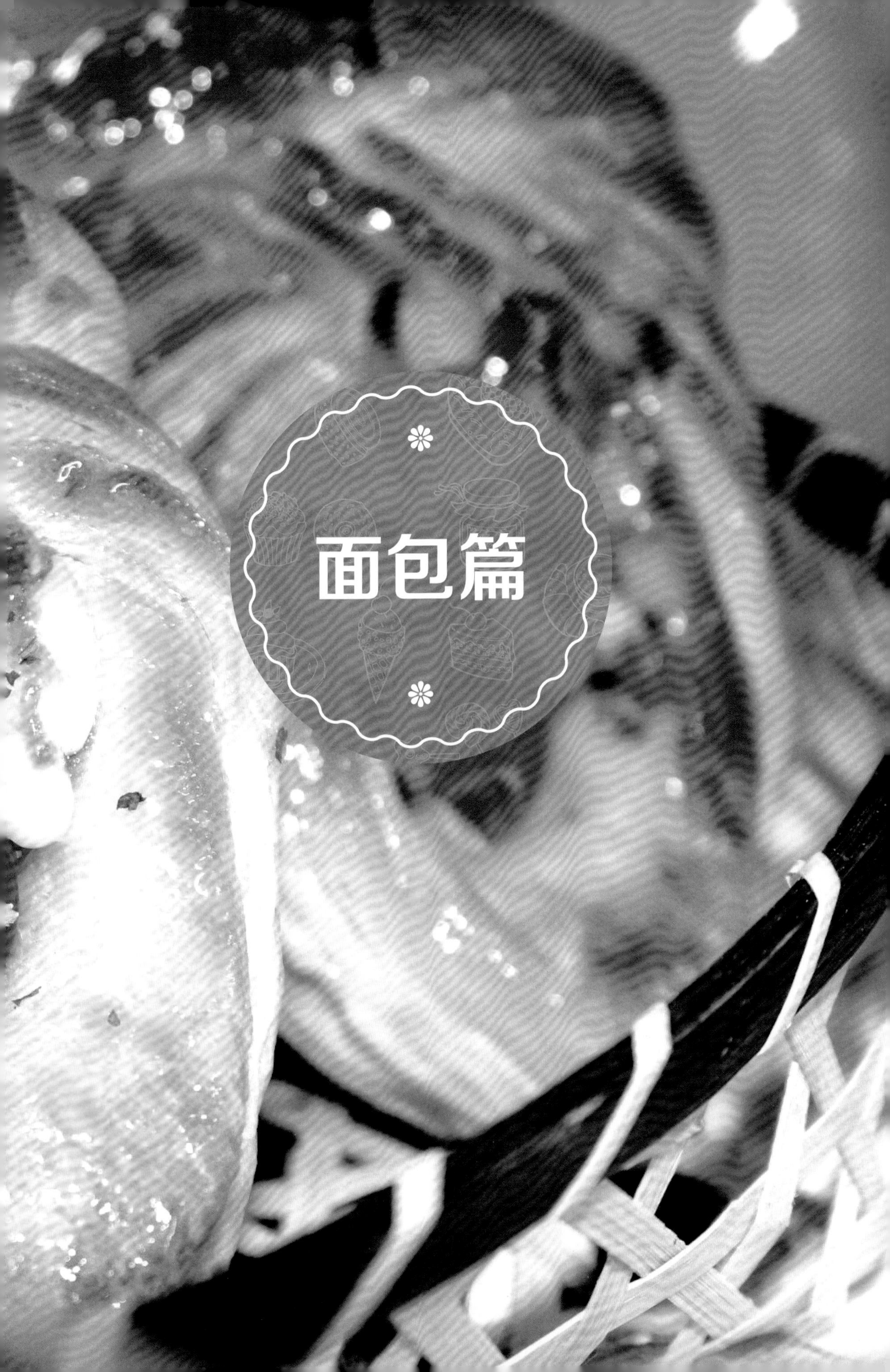

面包篇

工具介绍

工具图一

❶ 蛋抽
主要用于食材的搅拌和打泡等。

❷ 擀面杖
擀制面团时使用。

❸ 玻璃碗
用于食材的盛放。

❹ 白刮板
可用来切割面团、黄油，涂抹鲜奶油，搅拌、刮除、移动面团等。

❺ 玻璃擀杖
可将大面团拓展开。

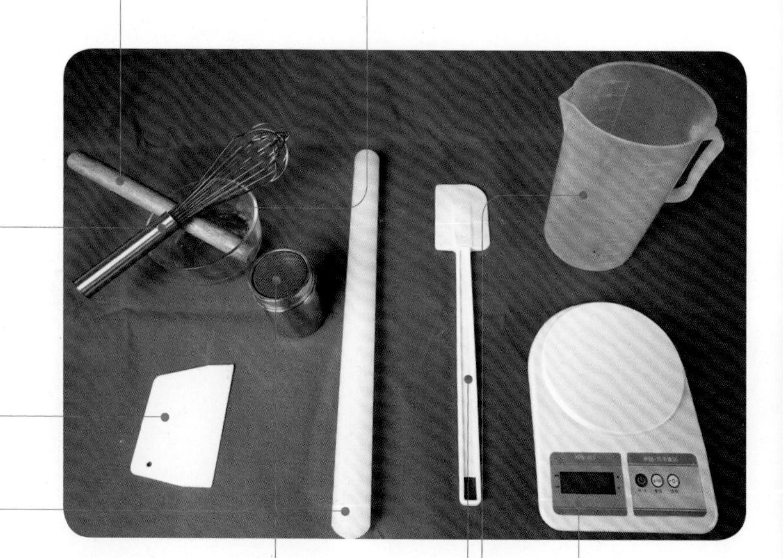

❻ 长柄软刮板
主要用于鲜奶油、黄油的搅拌。

❼ 量杯
计量液体的器皿。

❽ 小面筛
少量粉料的过筛及装饰。

❾ 电子克秤
用于食材的称量。

工具图二

❶ 裱花袋
用于向面团、蛋糕上部和内部挤入鲜奶油、果酱等。

❷ 白毛巾
用于防止面团的干裂。

❸ 美工刀
用于面团的划割。

❹ 剪刀
用于裱花袋及面团的剪裁。

❺ 裱花棒
用奶油裱花时会用到的工具。

❻ 刀片
可将面团快速划开。

❼ 光级（不锈钢刻模）
用于刻面团。

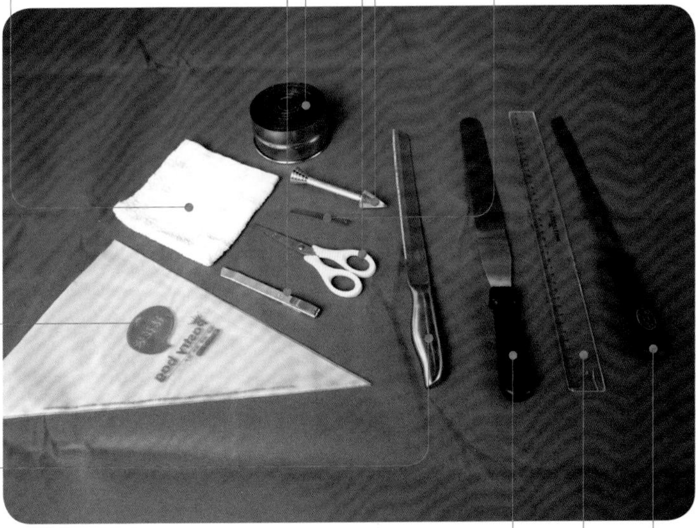

❽ 锯齿刀
用于面包的切割。

❾ 抹刀
用于馅料的涂抹、搅拌。

❿ 直尺
用于面团的测量。

⓫ 细齿长柄刀
用于面包、蛋糕成品的切制。

· 工具图三 ·

❶ 吐司盒
用于制作吐司面包。

❷ 有柄面筛
用于少量粉料的过筛。

❸ 散热网
可以将烤制好的面包放到上面冷却。

❹ 烤盘
烘烤时，可直接将面团摆在烤盘上烘烤。

❺ 不锈钢盆
用于食材的盛放、搅拌等。

❻ 筛子
主要用于筛面粉或者在成型后的面团上面筛上适量干粉造型。

❼ 面包篮
用于面包的摆放。

❽ 白毛巾
用于擦拭污渍和整理卫生。

软式面包

表面装饰料制作

酥松粒

◎ 原材料

奶油 100 克，起酥油 100 克，白糖 50 克，盐 1 克，低筋粉 400 克

→ 制作过程

❶ 将所有原料放在一起搅拌均匀。

❷ 搅拌成松散颗粒状。

❸ 用手来回搓揉。

❹ 用粉筛将细小的颗粒筛除。

❺ 将较大的酥松粒挑拣出来，留下大小均匀的酥松粒，倒出放置在阴凉处风干。

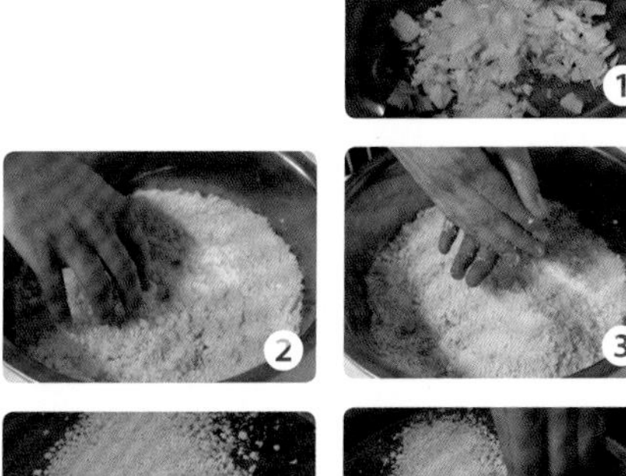

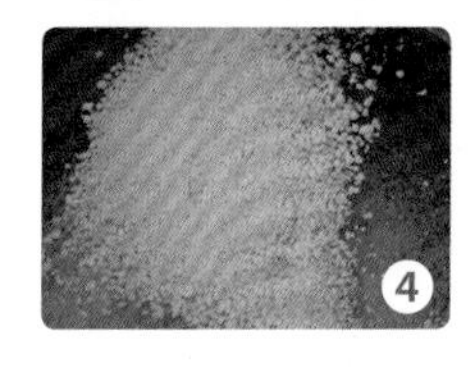

椰蓉酱

◎ 原材料

糖粉 100 克，鸡蛋 3 个，色拉油 500 克，椰蓉 150 克

→ 制作过程

❶ 将鸡蛋与糖粉一起放入搅拌桶中，搅拌至鸡蛋呈乳白色。

❷ 将色拉油分次慢慢加入。

❸ 加入椰蓉搅拌均匀即可。

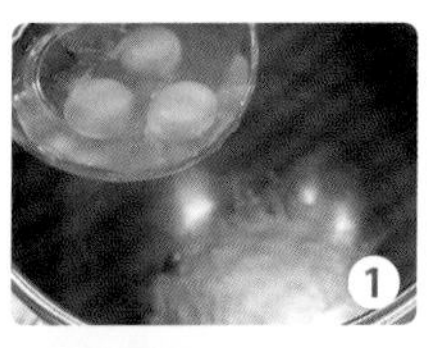

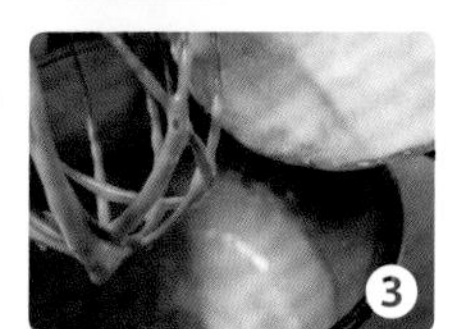

• 泡芙糊 •

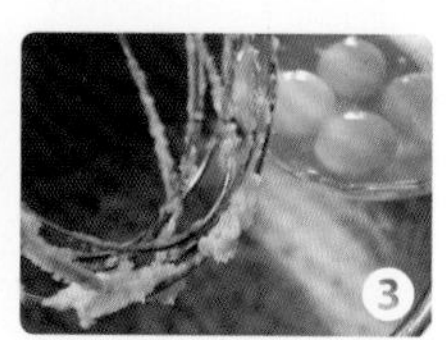

◎ 原材料

水 200 克，奶油 100 克，液态酥油 100 克，高筋粉 200 克，鸡蛋 4 个

→ 制作过程

❶ 将水、奶油、液态酥油倒入不锈钢盆中，加热烧开。

❷ 将高筋粉加入搅拌缸中，将步骤 ❶ 中烧开的混合物倒入已加入面粉的搅拌缸，边搅拌边加入，将面粉烫至成熟。

❸ 快速搅拌面糊散热，冷却至 20℃，逐个加入鸡蛋搅拌均匀即可。

• 菠萝皮 •

◎ 原材料

奶油 160 克，糖粉 160 克，鸡蛋 1 个，泡打粉 3 克，低筋粉 80 克，奶粉 30 克

→ 制作过程

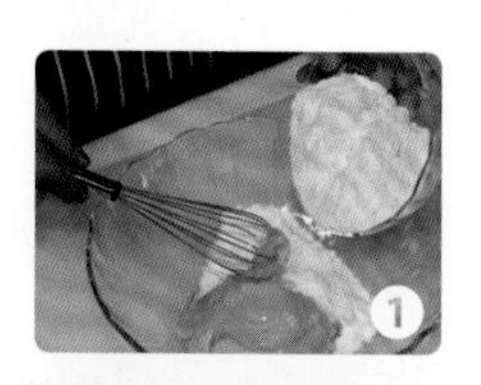

❶ 将奶油、糖粉放入玻璃碗中搅拌至乳白色。

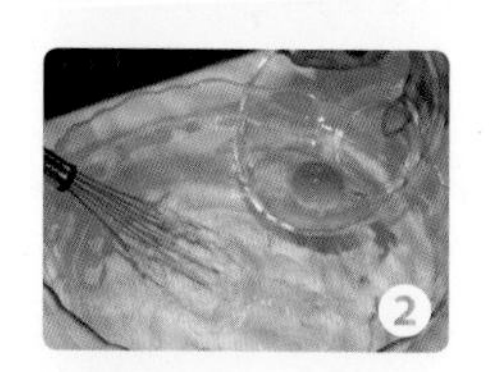

❷ 加入鸡蛋搅拌均匀。

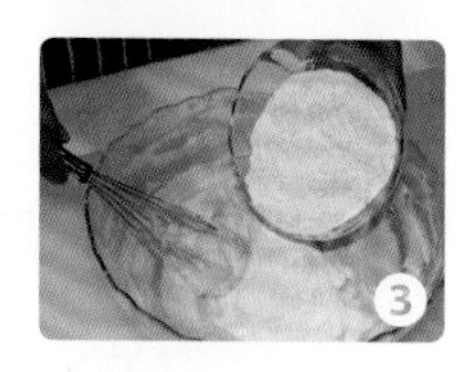

❸ 将泡打粉、低筋粉、奶粉加入拌匀，根据自己所需要的软硬度添加面粉，调制成团即可。

• 雪山酱 •

◎ 原材料

白油 100 克，糖粉 100 克，蛋清 3 个，低筋粉 100 克，奶香粉 5 克

→ 制作过程

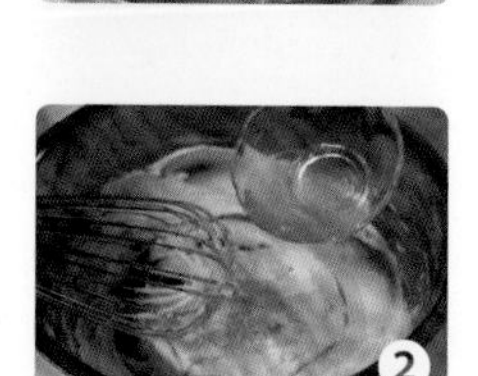

❶ 将白油与糖粉加入搅拌盆中，搅拌至奶油发泡。

❷ 加入蛋清，并搅拌均匀。

❸ 将低筋粉、奶香粉加入拌匀即可。

甜面团制作

◎ 原材料

面包专用粉1 000克，鸡蛋3个，冰水约450克，砂糖200克，酵母15克，改良剂10克，奶粉30克，盐10克，奶油120克

◎ 必备工具

搅拌机　发酵箱　切面刀　烤盘　电子克秤

小提示

冬天制作面团可选用温水或常温水，夏天则选用冰水。

→ 制作过程

1. 将高筋粉、砂糖、酵母、改良剂、奶粉放入搅拌机内慢速搅匀，然后加入鸡蛋、水搅匀成面团。
2. 搅拌至面筋扩展后加入盐搅匀。
3. 加入奶油慢速拌匀。
4. 搅拌至面筋完全扩展阶段。
5. 将面团收光滑。
6. 盖上薄膜，放入发酵箱松弛20分钟。
7. 取出面团，切面。
8. 用手将面团内的气体排出，搓揉成条。
9. 将面团分割成制品所需重量，搓揉光滑。
10. 将面团排入烤盘，盖上薄膜，放入湿度80%、温度35℃的发酵箱中发酵10分钟。

（注：后面凡用到甜面团的制品，均不再赘述甜面团的原材料及制作过程。）

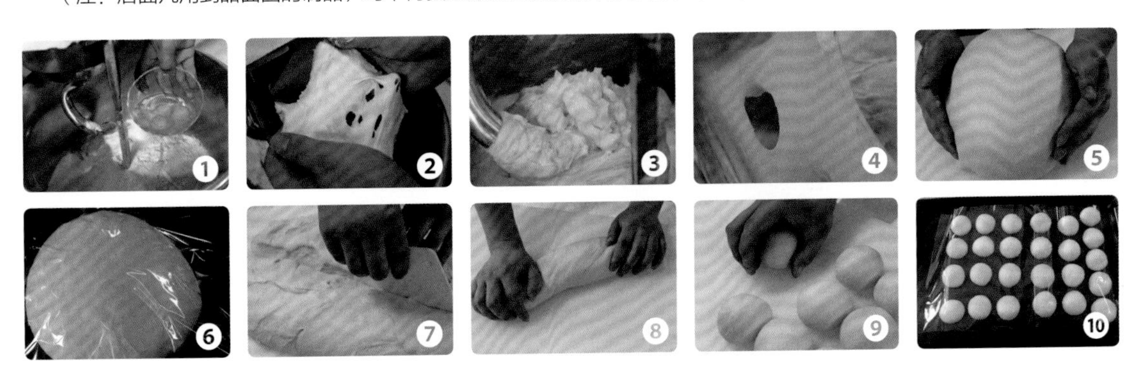

奶油餐包

小提示

馅心可根据个人喜好搭配，表面也可以选用芝麻仁装饰。

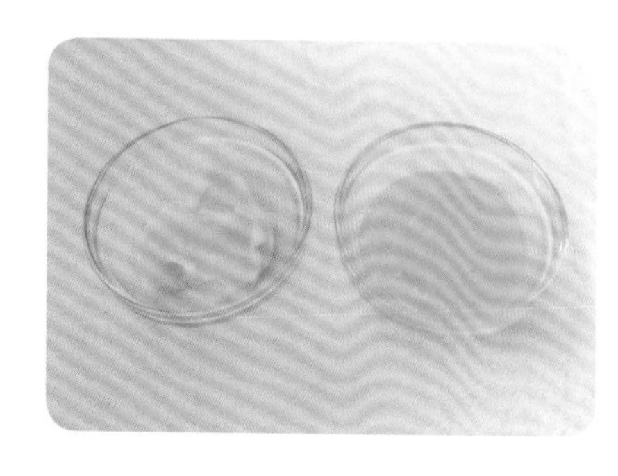

◎ 原材料

面团、鸡蛋

馅心：香蕉奶露馅心 250 克

表面装饰：柠檬果膏 100 克

◎ 必备工具

搅拌机　烤箱　发酵箱
毛刷　烤盘　裱花袋
剪刀　馅勺

→ 制作过程

1. 取出松弛完成的 60 克面团。
2. 将面团排出气体。
3. 包入香蕉奶露收口，放入面包烘烤纸杯，排入烤盘，放进发酵箱做最后发酵，温度 35℃、湿度 80%。
4. 发酵完成后体积是原来的 3 倍。
5. 刷上蛋液，将柠檬果膏装入裱花袋，挤在表面，送进烤箱。
6. 以上火 210℃、下火 180℃烘烤约 15 分钟，表面上色即可。

全麦餐包

◎ 原材料

高筋粉 700 克，全麦粉 300 克，冰水约 600 克，砂糖 160 克，改良剂 3 克，酵母 10 克，奶粉 60 克，盐 15 克，奶油 120 克

◎ 必备工具

搅拌机　烤箱　发酵箱　毛刷　烤盘

•小提示•

冬天制作面团可选用温水或常温水，夏天则选用冰水。

→制作过程

1. 将高筋粉、全麦粉、砂糖、酵母、改良剂、奶粉放入搅拌机内慢速搅匀，加入鸡蛋、水搅匀成面团。
2. 搅拌至面筋扩展后加入盐搅匀。
3. 加入奶油慢速拌匀后转快速搅拌至面筋完全扩展阶段。
4. 将面团揉至表面光滑，放入发酵箱松弛 20 分钟。
5. 取出面团后，切面。
6. 用手将面团内的气体排出，搓揉成条。
7. 将面团分割成 60 克一个的面团，搓揉光滑。
8. 将面团排入烤盘。
9. 将面团放进发酵箱做最后发酵，湿度 80%、温度 35℃，发酵完成后，面团是原来体积的 3 倍。
10. 以上火 210℃、下火 180℃烘烤约 15 分钟即可。

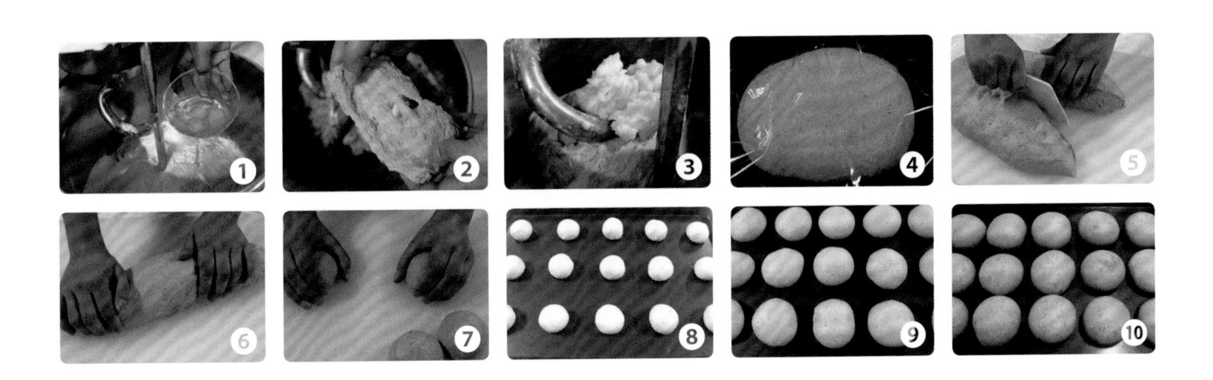

肉松面包

◎ 原材料

面团

表面装饰：香甜沙拉酱 300 克，海苔辣味肉松 400 克

◎ 必备工具

搅拌机　烤箱　烤盘

剪刀　擀面杖　裱花袋

•小提示•

装饰肉松根据个人口味选择。

→ 制作过程

1. 取出松弛完成的 60 克面团。
2. 将面团用擀面杖擀成椭圆形。
3. 自上而下把面团卷成中间略鼓的橄榄形。
4. 排入烤盘。
5. 放进发酵箱做最后发酵，温度 35℃、湿度 80%，发酵完成后，面团是原来体积的 3 倍。
6. 以上火 210℃、下火 180℃烘烤约 15 分钟，表面上色即可。
7. 面包冷却后在表面挤上沙拉酱，用馅勺将沙拉酱抹匀。
8. 表面粘上肉松即可。

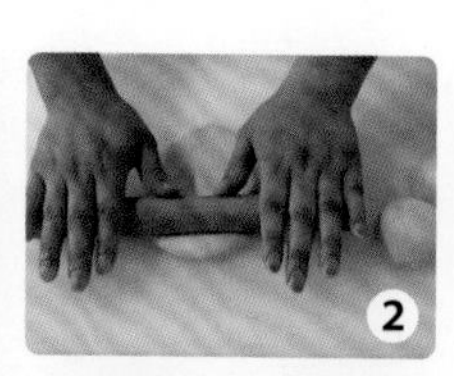
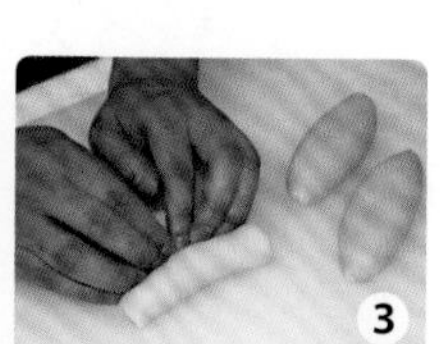

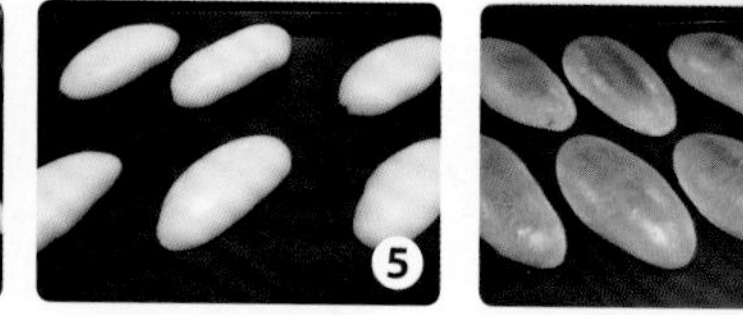
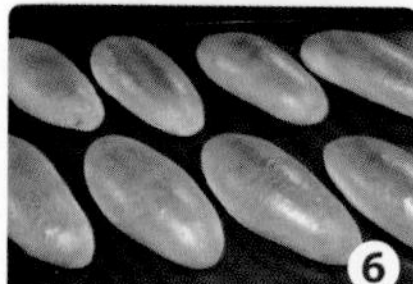
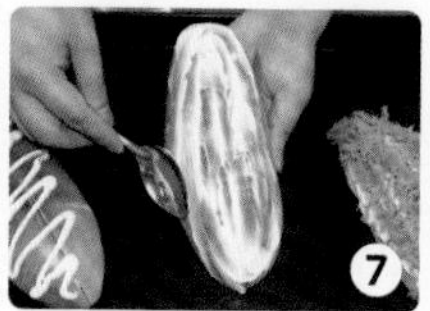

椰蓉面包

◎ 原材料

面团

椰蓉沙拉酱：糖粉 100 克，鸡蛋 3 个，色拉油 500 克，椰蓉 150 克

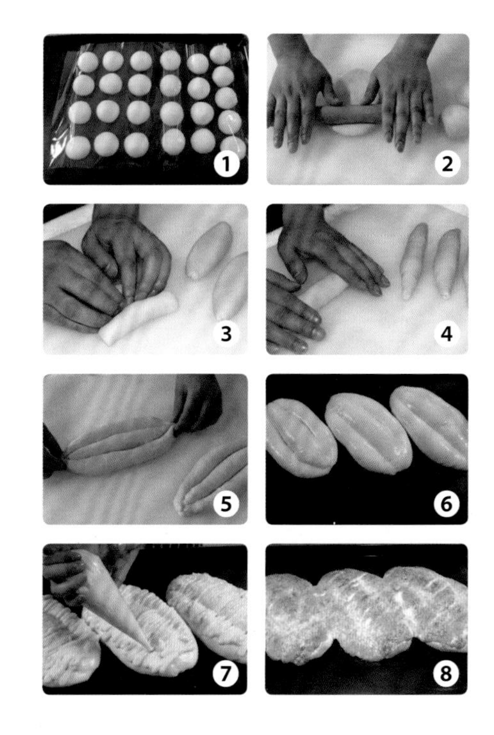

◎ 必备工具

搅拌机　烤箱　发酵箱

白刮板　擀面杖　烤盘

裱花袋　剪刀

→ 制作过程

❶ 取出松弛完成的 60 克面团。

❷ 将面团用擀面杖擀成椭圆形。

❸ 自上而下把面团卷成中间略鼓的橄榄形。

❹ 将面团稍微搓至均匀。

❺ 三条面团合并成一个面包面团，排入烤盘。

❻ 放进发酵箱做最后发酵，温度 35℃、湿度 80%，发酵完成后，体积是原来的 3 倍。

❼ 取出，刷蛋液，挤椰蓉沙拉酱。

❽ 以上火 210℃、下火 180℃烘烤约 15 分钟，表面呈金黄色即可。

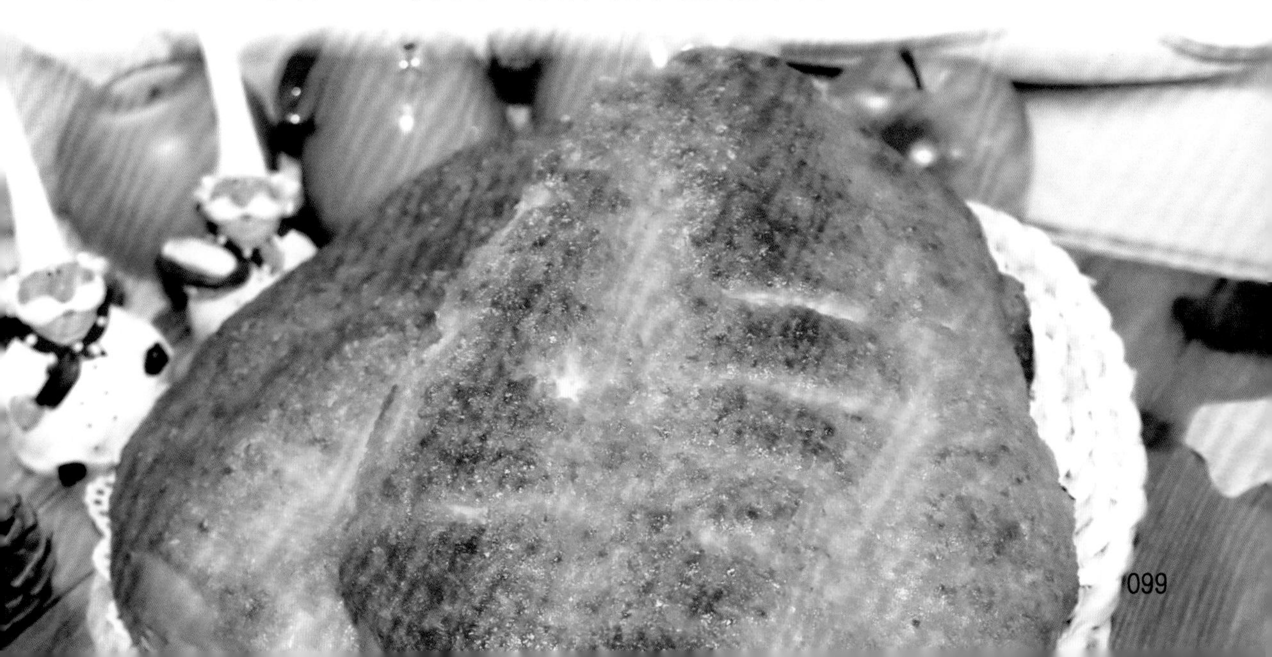

奶油橄榄面包

◎ 原材料

面团

馅心： 乳脂奶油 500 克　**表面装饰：** 防潮糖粉 100 克

◎ 必备工具

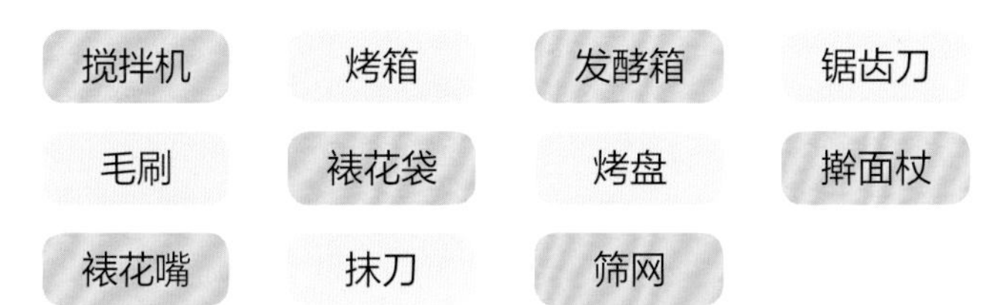

·小提示·

乳脂奶油在打发时，须提前放进冰箱冷藏，在挤乳脂奶油时，面包要完全冷凉。

→ 制作过程

1. 取出松弛完成的 60 克面团。
2. 将面团用擀面杖擀成椭圆形。
3. 自上而下把面团卷成中间略鼓的橄榄形。
4. 排入烤盘。
5. 放进发酵箱做最后发酵，温度 35℃、湿度 80%，发酵完成后，体积是原来的 3 倍。
6. 以上火 210℃、下火 180℃烘烤约 15 分钟，表面上色即可。
7. 面包冷却后用锯齿刀从中间锯开，将打发的乳脂奶油装入装有裱花嘴的裱花袋，然后挤入面包中。
8. 在面包表面筛上防潮糖粉。

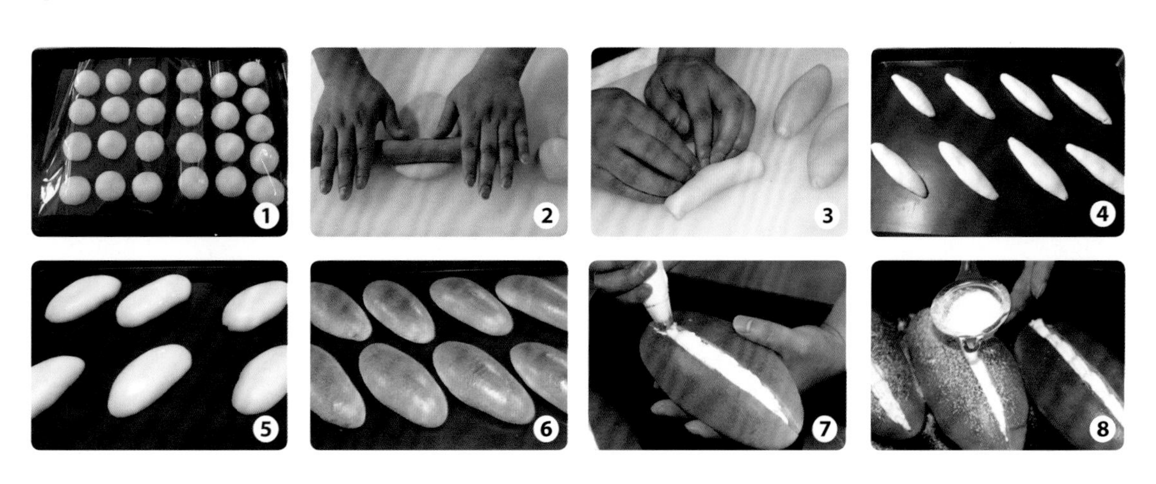

果酱面包

◎ 原材料

面团

馅心：蓝莓果肉果馅

酥松粒：适量

◎ 必备工具

搅拌机　烤箱　烤盘　裱花袋

剪刀　擀面杖　发酵箱

•小提示•

挤入蓝莓果肉果馅后，面团卷制不可太紧。

→ 制作过程

❶ 取出松弛完成的 60 克面团。

❷ 将面团用擀面杖擀成椭圆形。

❸ 挤入蓝莓果肉果馅。

❹ 自上而下卷成卷筒状。

❺ 表面刷蛋液，粘上酥松粒。

❻ 放入面包烘烤纸杯，排入烤盘，然后放进发酵箱做最后发酵，温度 35℃、湿度 80%，发酵完成后，体积是原来的 3 倍。

❼ 取出，表面风干，用剪刀剪出裂口。

❽ 在裂口内挤入蓝莓果肉果馅。

❾ 以上火 210℃、下火 180℃烘烤约 15 分钟，表面上色即可。

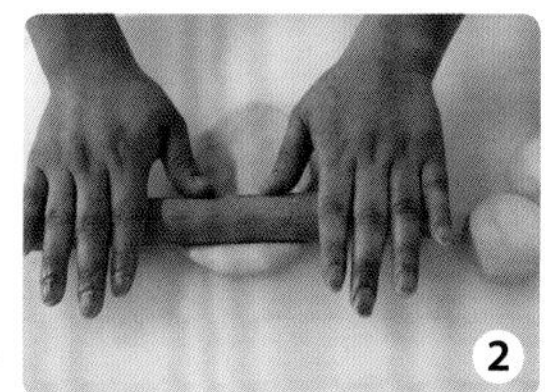

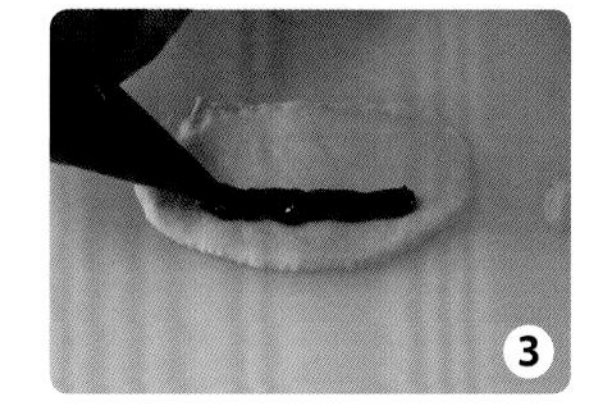

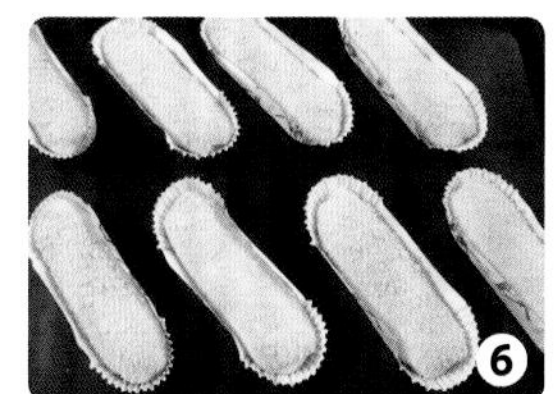

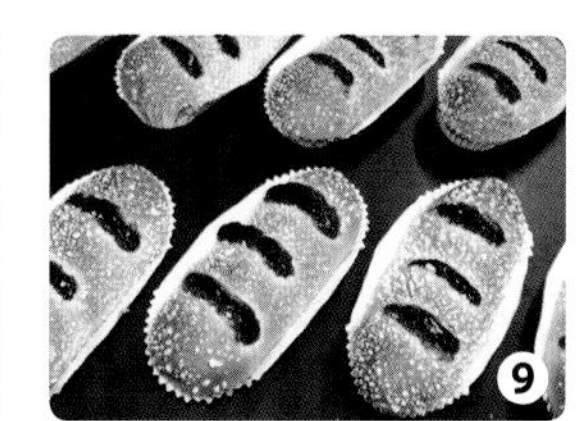

毛毛虫面包

◎ 原材料

面团

泡芙糊：水 200 克，液态酥油 100 克，奶油 100 克，高筋粉 200 克，鸡蛋 4 个

◎ 必备工具

搅拌机　烤箱　发酵箱
擀面杖　烤盘　裱花袋
剪刀

小提示

制作泡芙糊时，面糊搅拌散热的温度要控制在 20℃左右，在挤泡芙糊时，要把握好间距。

→ 制作过程

1. 取出松弛完成的 100 克面团。
2. 将面团用擀面杖擀成椭圆形。
3. 自上而下把面团卷成卷筒状，搓长后排入烤盘。
4. 放进发酵箱做最后发酵，温度 35℃、湿度 80%，醒发完成后，体积是原来的 3 倍，取出，刷蛋液，挤泡芙糊。
5. 以上火 200℃、下火 180℃烘烤约 18 分钟，至表面呈金黄色即可。

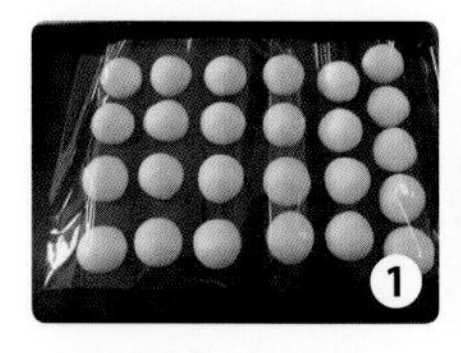

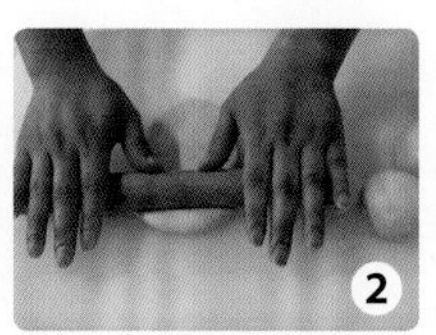

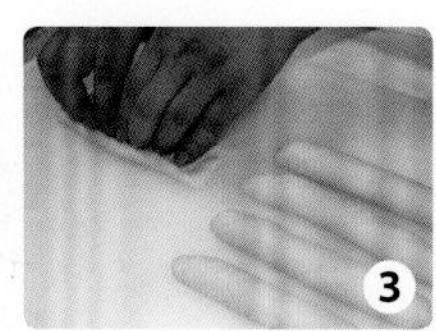

菠萝面包

◎ 原材料

面团

菠萝皮：奶油 160 克，糖粉 160 克，鸡蛋 1 个，泡打粉 3 克，低筋粉 80 克，奶粉 30 克

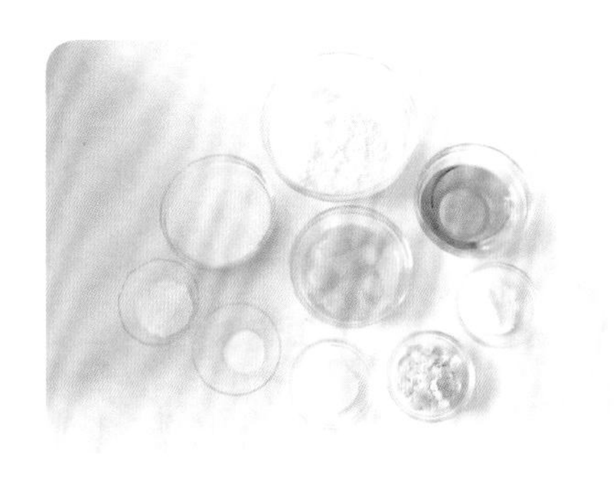

◎ 必备工具

搅拌机	发酵箱	烤箱
菠萝印模	毛刷	切面刀

→ 制作过程

1. 取出松弛完成的 60 克面团。
2. 菠萝皮分割成 20 克一个的剂子，按扁，包上面团，将面团底部向中间收紧，菠萝皮包至面团底部。
3. 用菠萝印模压出花纹。
4. 放入面包烘烤纸杯，排入烤盘。
5. 放进发酵箱做最后发酵，温度 35℃、湿度 75%，醒发完成后，体积是原来的 3 倍，取出，刷蛋液。
6. 以上火 200℃、下火 180℃烘烤约 15 分钟，表面上色即可。

•小提示•

按压花纹时不宜压得太深，表面的蛋液也不宜刷得太多。

辫子面包

◎ 原材料

面团

装饰料：小香葱 100 克，火腿粒 100 克，肉松 50 克，香甜沙拉酱 200 克，黑、白芝麻适量

◎ 必备工具

搅拌机　烤箱　发酵箱　擀面杖
裱花袋　烤盘　剪刀

•小提示•

葱花不宜摆在最上层，以防烤焦。

→制作过程

❶ 取出松弛完成的 60 克面团。
❷ 将面团用擀面杖擀成椭圆形。
❸ 自上而下把面团卷成中间略鼓的橄榄形。
❹ 由中间向两头编出三股辫形状。
❺ 排入烤盘。
❻ 放进发酵箱做最后发酵，温度 35℃、湿度 80%，发酵完成后，体积是原来的 3 倍。
❼ 取出，刷蛋液，撒肉松、火腿粒、葱花，挤沙拉酱，撒黑、白芝麻装饰。
❽ 以上火 210℃、下火 180℃烘烤约 15 分钟，表面上色即可。

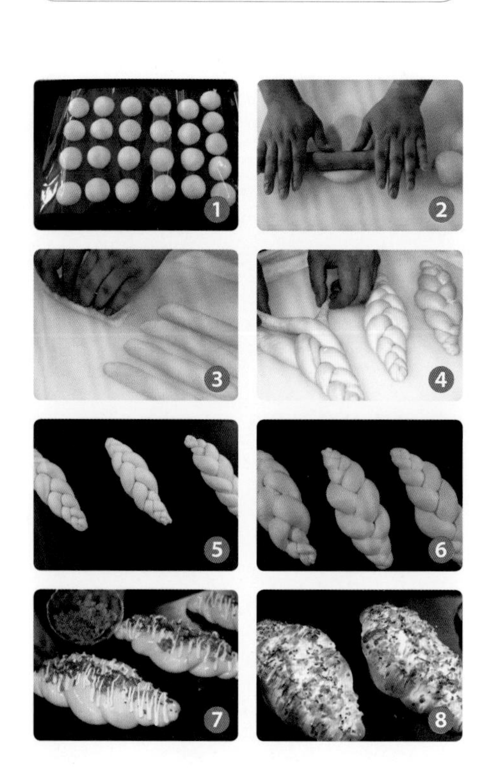

火腿面包

◎ 原材料

面团

装饰料：小香葱 100 克，细火腿肠 10 根，香甜沙拉酱 200 克，马苏里拉芝士 200 克，黑、白芝麻适量

◎ 必备工具

搅拌机　烤箱　发酵箱

裱花袋　剪刀　擀面杖

烤盘

•小提示•

使用马苏里拉芝士时，用专用刨刀刨成粒状。

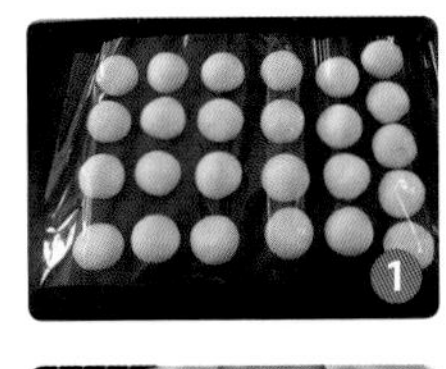
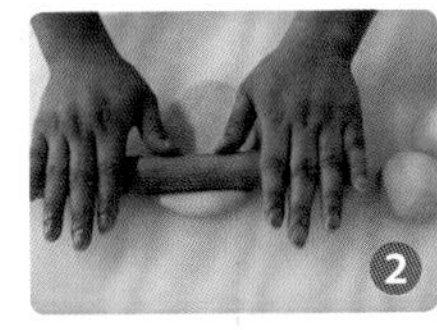
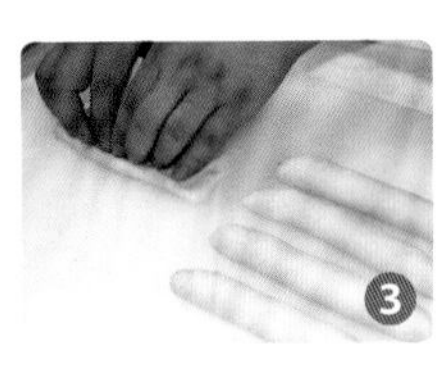

→ 制作过程

❶ 取出松弛完成的 60 克面团。

❷ 将面团用擀面杖擀成椭圆形。

❸ 自上而下把面团卷成卷筒状。

❹ 将面团搓长，中间对折，放入面包烘烤纸杯，排入烤盘。

❺ 放进发酵箱做最后发酵，温度 35℃、湿度 80%，发酵完成后，体积是原来的 3 倍，取出风干，刷蛋液，放上火腿肠，撒葱花、芝麻，挤沙拉酱，放马苏里拉芝士。

❻ 以上火 210℃、下火 180℃烘烤约 18 分钟，表面上色即可。

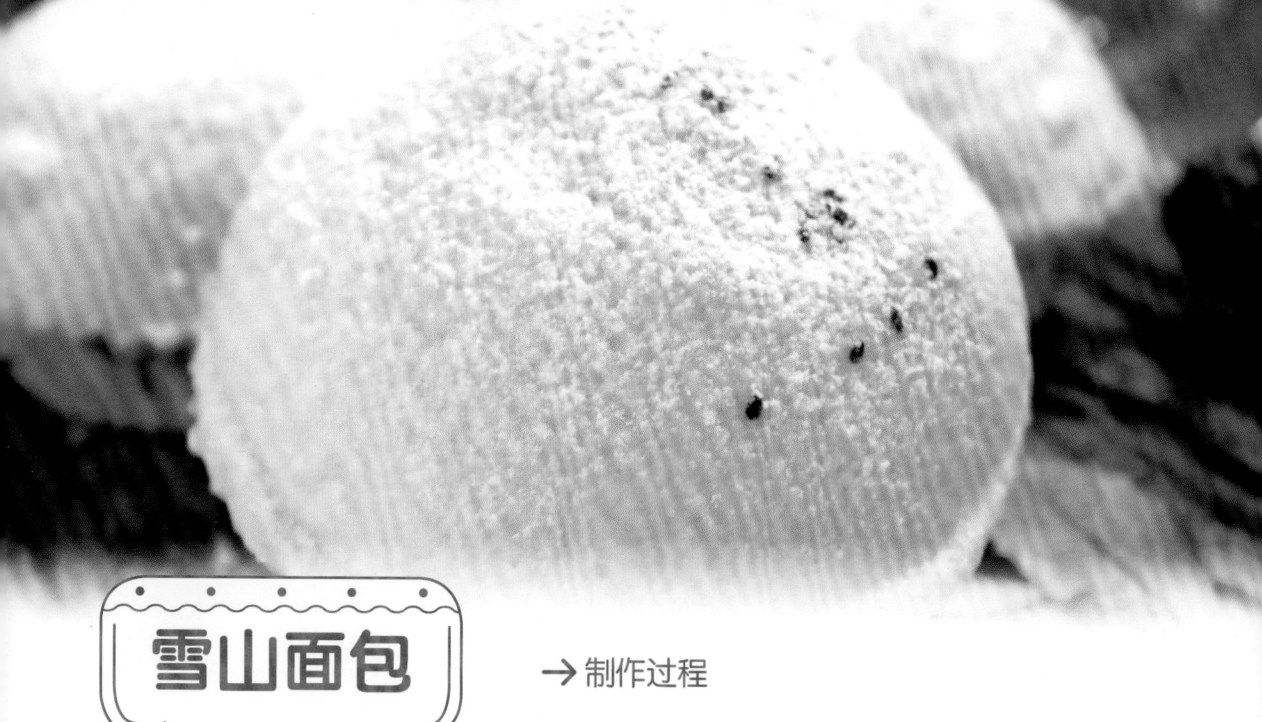

雪山面包

◎ 原材料

面团

雪山糊：白油100克，糖粉100克，蛋清3个，低筋粉100克，奶香粉5克，黑芝麻适量

◎ 必备工具

搅拌机　烤箱　发酵箱
剪刀　烤盘　裱花袋

•小提示•

在制作雪山糊时，必须选用蛋清；烘烤时，烤至表面呈微黄色即可。

→ 制作过程

1. 取出松弛完成的 60 克面团。
2. 稍搓圆。
3. 放入面包烘烤纸杯。
4. 排入烤盘，放进发酵箱做最后发酵，温度 35℃、湿度 80%。
5. 发酵完成后，体积是原来的 3 倍。
6. 将雪山糊装入裱花袋，挤在表面。
7. 用黑芝麻点缀表面。
8. 以上火 190℃、下火 180℃烘烤约 18 分钟，表面呈微黄色即可。
9. 冷却后，给面包表面筛上糖粉装饰。

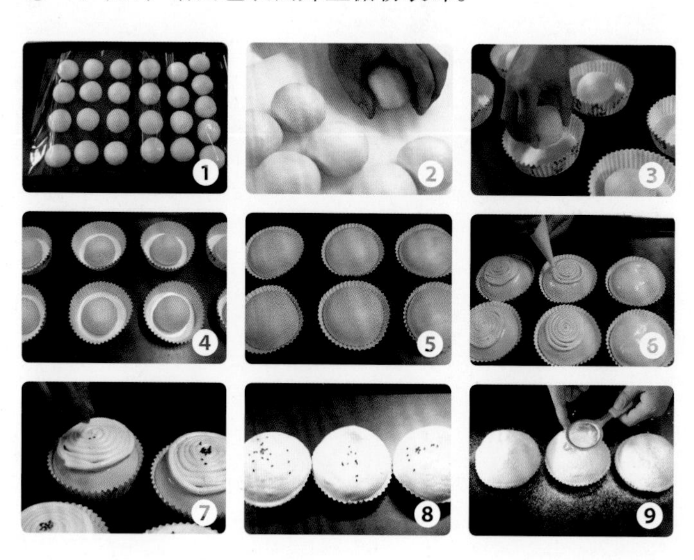

皇冠面包

◎ 原材料

面团

装饰料：鲜奶油 100 克，杏仁片 100 克

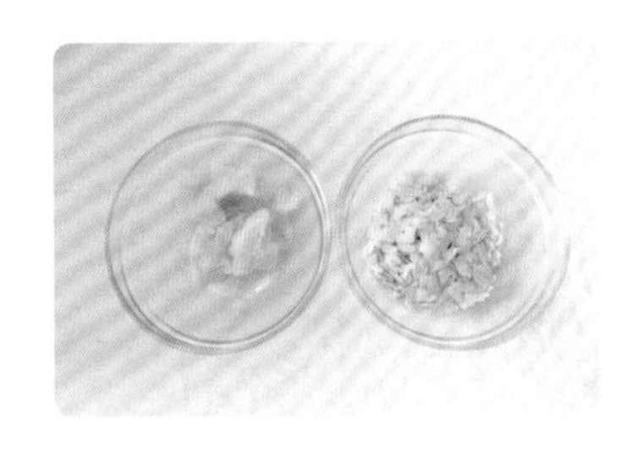

◎ 必备工具

搅拌机　烤箱　发酵箱

6 寸慕斯圈　烤盘

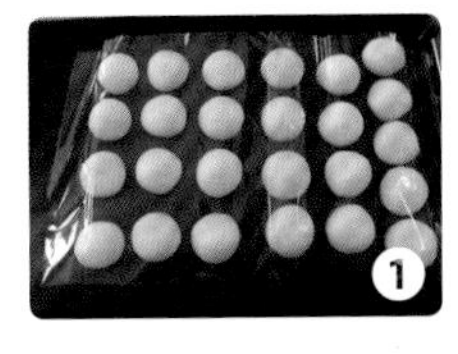
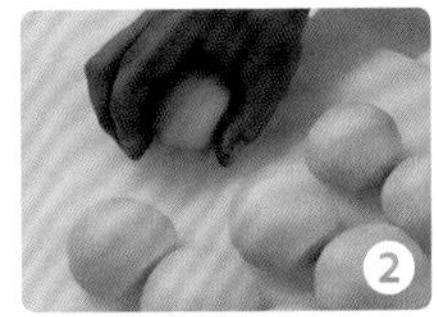

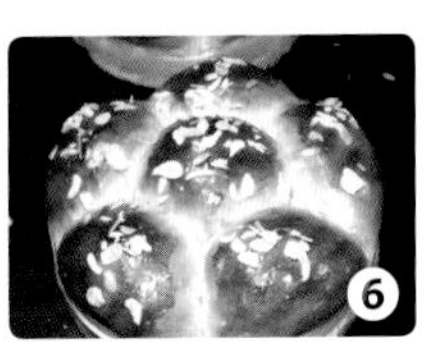

→制作过程

1. 取出松弛完成的 60 克面团。
2. 稍搓圆。
3. 6 寸慕斯圈内抹奶油。
4. 将搓圆的面团放入慕斯圈内，排入烤盘，放进发酵箱做最后发酵，温度 35℃、湿度 80%。
5. 发酵完成后，体积是原来的 3 倍，刷蛋液，撒上杏仁片。
6. 以上火 190℃、下火 180℃烘烤约 28 分钟，表面上色即可。冷却后脱模。

小提示

给表面刷蛋液时，不要刷到侧边切口处，否则不容易脱模。

日式红豆面包

◎ 原材料

面团

装饰料：红蜜豆 300 克，黑芝麻 150 克

◎ 必备工具

搅拌机　烤箱　发酵箱　刷子　烤盘

→制作过程

❶ 取出松弛完成的 60 克面团。
❷ 将面团排出气体。
❸ 包入红蜜豆。
❹ 收口，放入面包烘烤纸杯，排入烤盘，放进发酵箱做最后发酵，温度 35℃、湿度 80%。
❺ 发酵完成后，体积是原来的 3 倍。
❻ 取出刷蛋液，撒黑芝麻。
❼ 以上火 210℃、下火 180℃烘烤约 15 分钟，表面上色即可。

小提示

给表面刷蛋液时，不要刷得太厚。

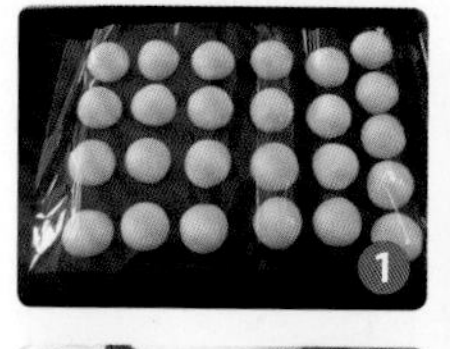

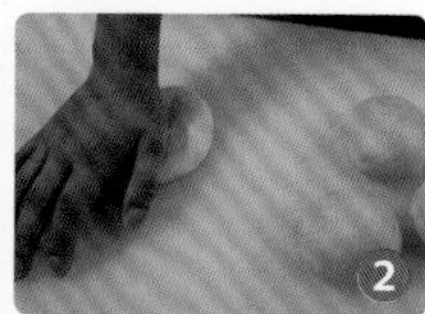

肉松甜甜圈

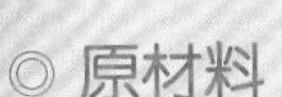
原材料

高筋粉 800 克，低筋粉 200 克，奶粉 20 克，改良剂 5 克，酵母 15 克，鸡蛋 3 个，水 420 克，白糖 180 克，盐 15 克，奶油 100 克，香甜沙拉酱 500 克，海苔肉松 500 克

小提示

面团醒发到原来的两倍大小，油温控制在 150℃ ~ 170℃。

◎ 必备工具

搅拌机　烤箱　发酵箱　擀面杖　不锈钢盆　电磁炉　烤盘

→制作过程

1. 取出松弛完成的 60 克面团。
2. 将面团用擀面杖擀成椭圆形，自上而下把面团卷成卷筒状。
3. 将面团边缘拉开，然后将面头卷入拉开的面头处。
4. 将拉开的面头由内向外按紧。
5. 排入烤盘，放进发酵箱做最后发酵，温度 35℃、湿度 80%，发酵完成后，体积是原来的两倍。
6. 往不锈钢盘中倒入色拉油，加热至 150℃ ~170℃。
7. 放入甜甜圈生坯。
8. 炸至两面金黄色。
9. 捞出控油。
10. 香甜沙拉酱装入裱花袋，挤在甜甜圈表面，粘上海苔肉松。
11. 放入烤盘摆齐即可。

巧克力甜甜圈

◎ 原材料

高筋粉 800 克，低筋粉 200 克，奶粉 20 克，改良剂 5 克，酵母 15 克，鸡蛋 3 个，水 420 克，白糖 180 克，盐 15 克，奶油 100 克，黑巧克力 500 克，黄桃 200 克

◎ 必备工具

搅拌机　烤箱　电磁炉　发酵箱　擀面杖　不锈钢盆　烤盘

小提示

面团醒发到原来的两倍大小，油温控制在150℃～170℃。

→ 制作过程

1. 取出松弛完成的 60 克面团。
2. 将面团用擀面杖擀成椭圆形，自上而下把面团卷成卷筒状。
3. 将面团边缘拉开，然后将面头卷入拉开的面头处。
4. 将拉开的面头由内向外按紧，排入烤盘，放进发酵箱做最后发酵，温度 35℃、湿度 80%。发酵完成后，体积是原来的两倍。
5. 往不锈钢盘中倒入色拉油 500 克，加热至 150℃～170℃。
6. 放入甜甜圈生坯。
7. 炸至两面呈金黄色，捞出控油。
8. 巧克力隔水溶化，甜甜圈一面粘上巧克力。
9. 放在网盘上，裱花袋装白巧克力，挤在黑巧克力上。
10. 用竹签画出纹路。
11. 最后装饰即可。

芝士培根面包

◎ 原材料

面团

装饰料： 培根肉 200 克，辣味肉松 300 克，马苏里拉芝士 500 克，小香葱 100 克，丘比香甜沙拉酱 500 克

·小提示·

包入肉松卷制成型，不宜太紧。

◎ 必备工具

搅拌机　烤箱　发酵箱

刷子　烤盘

→ 制作过程

❶ 取出松弛完成的 60 克面团。

❷ 将面团用擀面杖擀成椭圆形。

❸ 包入肉松，自上而下把面团卷成卷筒状。

❹ 排入烤盘，放进发酵箱做最后发酵，温度 35℃、湿度 80%。

❺ 发酵完成后，体积是原来的 3 倍。

❻ 取出刷全蛋液，摆上培根肉，挤上沙拉酱，放小香葱、芝士粒。

❼ 以上火 210℃、下火 180℃烘烤约 15 分钟，至表面金黄即可。

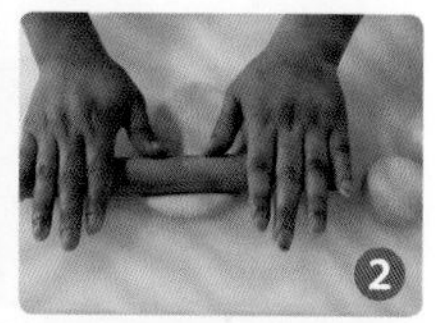

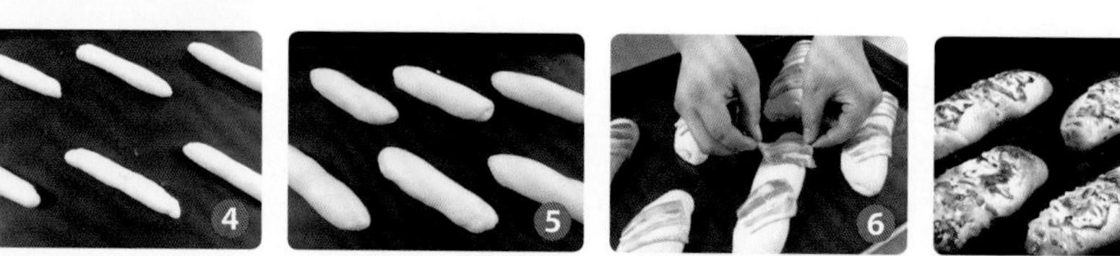

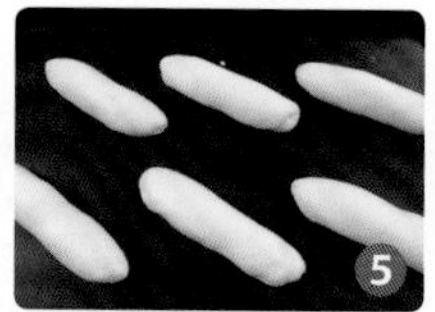

牛奶排包

◎ 原材料

面团

装饰料：杏仁片 100 克，香蕉奶露 100 克

◎ 必备工具

搅拌机 烤箱 发酵箱

刷子 烤盘 裱花嘴

裱花袋

→ 制作过程

1. 取出松弛完成的 60 克面团。
2. 将面团用擀面杖擀成椭圆形。
3. 自上而下把面团卷成卷筒状。
4. 排入烤盘，放进发酵箱做最后发酵，温度 35℃、湿度 80%，发酵完成后，体积是原来的 3 倍。
5. 取出刷全蛋液，将香蕉奶露装入裱花袋，挤在表面，撒上杏仁片。
6. 以上火 210℃、下火 180℃烘烤约 15 分钟，至表面金黄即可。

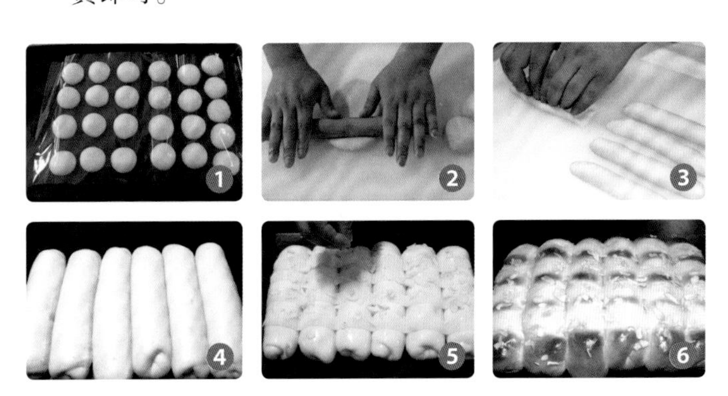

•小提示•

面团在排入烤盘时，面团之间需要间隔根一手指的宽度。

蓝莓排包

◎ 原材料

面团

装饰料： 蓝莓果肉馅 200 克，碎花生仁 100 克

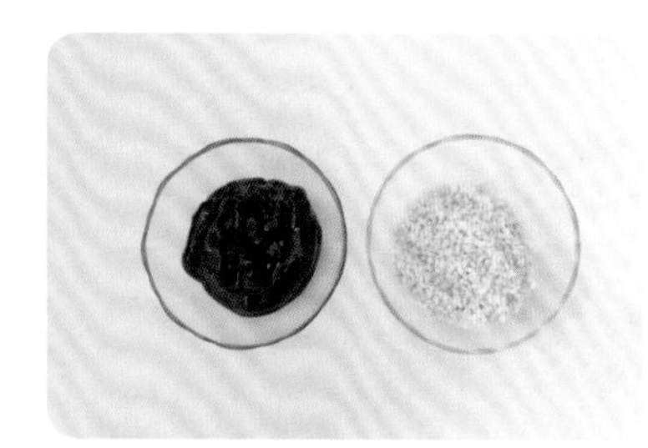

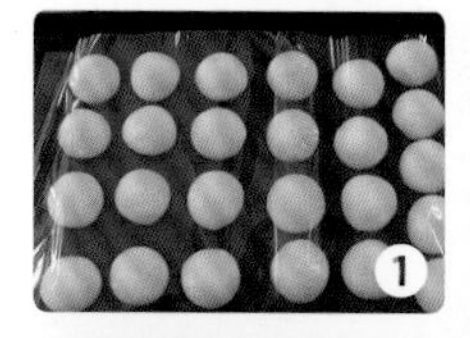

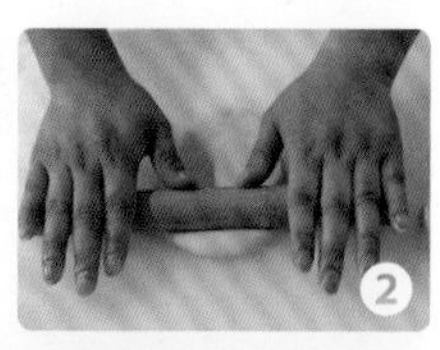

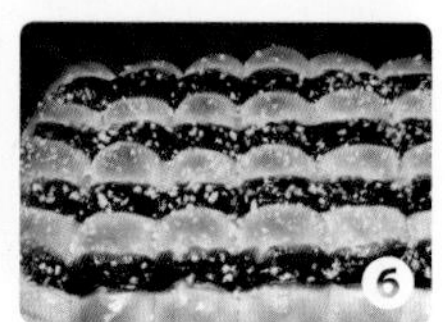

→ 制作过程

1. 取出松弛完成的 60 克面团。
2. 将面团用擀面杖擀成椭圆形。
3. 在把面团卷成卷筒状。
4. 排入烤盘，放进发酵箱做最后发酵，温度 35℃、湿度 80%，发酵完成后，体积是原来的 3 倍。
5. 取出刷全蛋液，将蓝莓果肉馅装入裱花袋挤在表面，撒上碎花生仁。
6. 以上火 210℃、下火 180℃烘烤约 15 分钟，至表面金黄即可。

◎ 必备工具

搅拌机　烤箱　发酵箱　裱花袋　烤盘　裱花嘴　刷子

小提示

在排入烤盘时，面团之间需要间隔一根手指的宽度。

丹麦面包

◎ 原材料

面包专用粉 800 克，低筋粉 200 克，白糖 160 克，鸡蛋 3 个，冰水约 450 克，酵母 15 克，改良剂 5 克，奶粉 40 克，盐 10 克，奶油 100 克，丹麦面包专用片状起酥油 500 克

丹麦面团制作

→ 制作过程

❶ 将面包专用粉、低筋粉、白糖、酵母、改良剂、奶粉投入搅拌桶内慢速搅匀，加入鸡蛋、冰水，搅匀成面团。
❷ 搅拌至面筋扩展，加入盐搅匀。
❸ 加入黄油搅拌。
❹ 搅拌至面筋完全扩展阶段。
❺ 将面团收光滑。
❻ 将面团分成 1 000 克一份。
❼ 松弛 10 分钟后压扁，用保鲜膜包起放入急冻柜冷藏。
❽ 冷藏面团与起酥油软硬一致即可。
❾ 面团擀开，面积是油脂的两个大小。
❿ 摆上一片 250 克的片状起酥油。
⓫ 将片状起酥油包在中间。
⓬ 用走槌擀开至长方形。
⓭ 将擀开的面团折成三折。
⓮ 用保鲜膜包起面团放入冷柜冷冻约 30 分钟。
⓯ 将冷冻至适当硬度的面团取出擀成长方形。
⓰ 再次折成三折后放入冷柜冷冻。
（重复步骤 ⓮~⓰ 共三次，折最后一次时也可以折成四折）

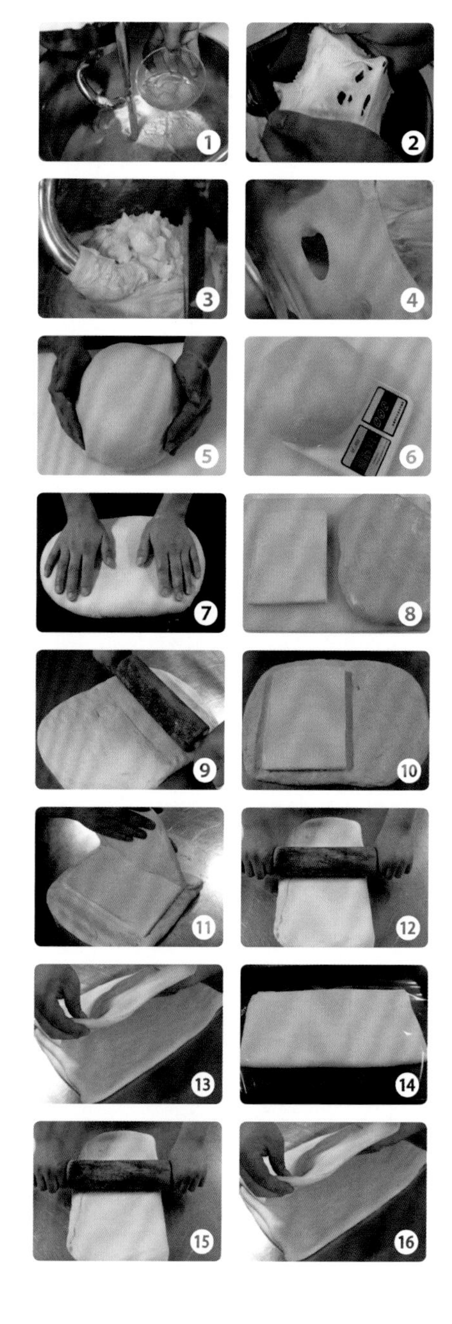

◎ 必备工具

搅拌机　切面刀　发酵箱　电子秤　烤盘　走槌

•小提示•

冬天制作面团可选用温水或常温水，夏天则选用冰水。

丹麦牛角

◎ 原材料

面团

→制作过程

❶ 将面团擀成 0.5cm 厚的面片，用直尺定位后，用刀切成等腰三角形。
❷ 在三角形底边中间开口。
❸ 将开口处的面片向左右两边稍微撕开。
❹ 撕开的小角向内折入。
❺ 用左手捏住三角形，右手把面片从底部向顶角卷起成牛角。
❻ 间隔均匀排入 U 形网中，放进发酵箱做最后发酵，温度 35℃、湿度 75%。
❼ 发酵完成后，体积约为原来的 3 倍，烤前刷上蛋液。
❽ 撒上芝麻或杏仁片后，以上火 210℃、下火 190℃烘烤约 20 分钟。

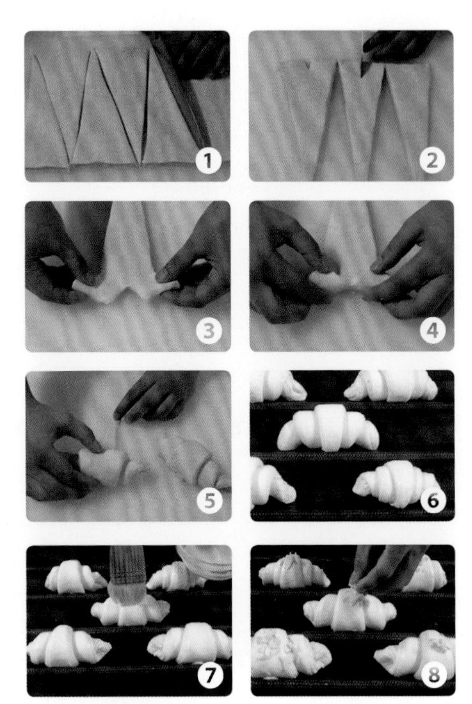

◎ 必备工具

搅拌机　烤箱　发酵箱
美工刀　烤盘　尺子
刷子

•小提示•

给表面刷蛋液时，不要刷到侧边切口处，否则不容易脱模。

丹麦芝士培根

◎ 原材料

面团

装饰料：芝士片 10 片，培根肉 15 片，小香葱 100 克，香甜沙拉酱 200 克，马苏里拉芝士 300 克，风干欧芹适量

→ 制作过程

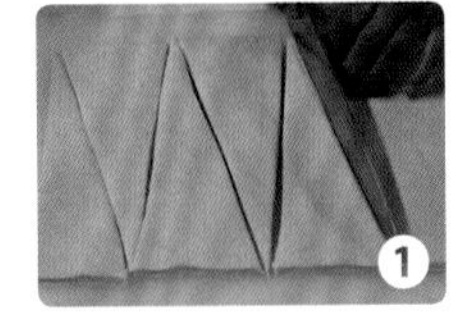
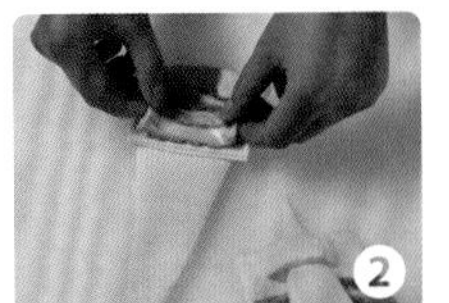
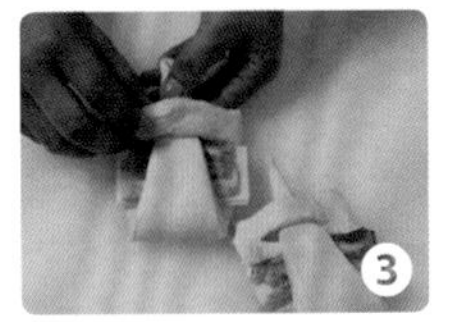
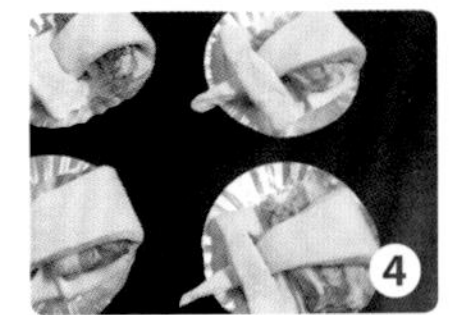
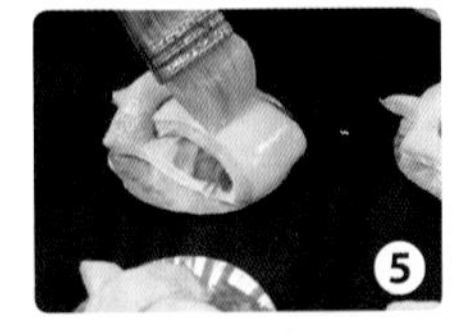

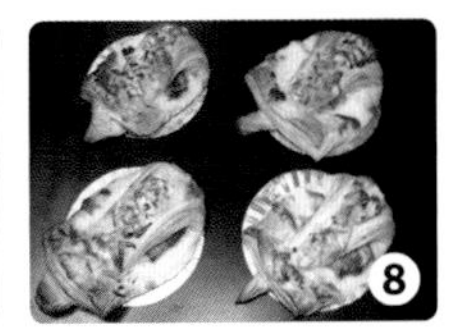

1. 将面团擀成 0.5cm 的厚皮，用直尺定位。
2. 在三角形上方横切一刀，在上面放入半片芝士，再放上半片培根。
3. 将面片折起，面头从开口处穿出。
4. 排入烤盘。
5. 放进发酵箱做最后发酵，温度 35℃、湿度 75%。发酵完成后，体积约为原来的 3 倍，刷上蛋液。
6. 放葱花，挤沙拉酱。
7. 放上马苏里拉芝士。
8. 以上火 210℃、下火 190℃烘烤约 18 分钟，出炉后在表面撒上风干欧芹。

◎ 必备工具

搅拌机　烤箱　发酵箱
美工刀　烤盘　尺子
刷子

•小提示•

刷蛋液时，不要刷到侧边切口处，否则不容易脱模。

丹麦肉松火腿串

◎ 原材料

面团

装饰料：肉松 250 克，小香葱 200 克，火腿粒 100 克，香甜沙拉酱 200 克，马苏里拉芝士 300 克，风干欧芹适量

◎ 必备工具

搅拌机　烤箱　发酵箱　美工刀

尺子　烤盘　刷子

小提示

正方形不宜切得太大或太小。

→ 制作过程

1. 将面团擀成 0.5cm 厚的面片，用直尺定位后，用刀切成宽 4cm、长 20cm 的长条。
2. 改刀切成长宽为 4cm 的正方形，用竹签将正方形块串在一起。
3. 间隔均匀排入 U 形网盘。
4. 放进发酵箱做最后发酵，温度 35℃、湿度 75%。发酵完成后，体积约为原来的 3 倍，刷上蛋液。
5. 表面放装饰料。
6. 挤上沙拉酱。
7. 放上马苏里拉芝士。
8. 以上火 210℃、下火 190℃烘烤约 18 分钟，出炉后在表面撒上风干欧芹。

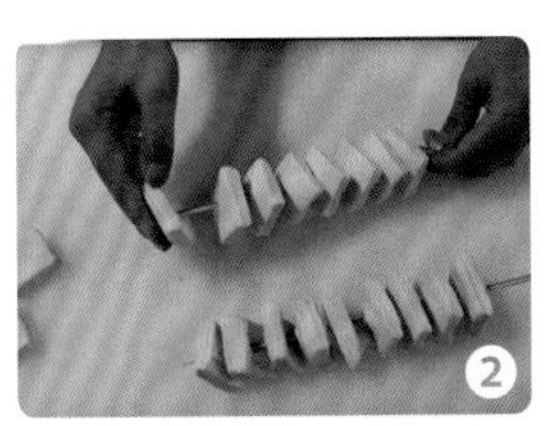

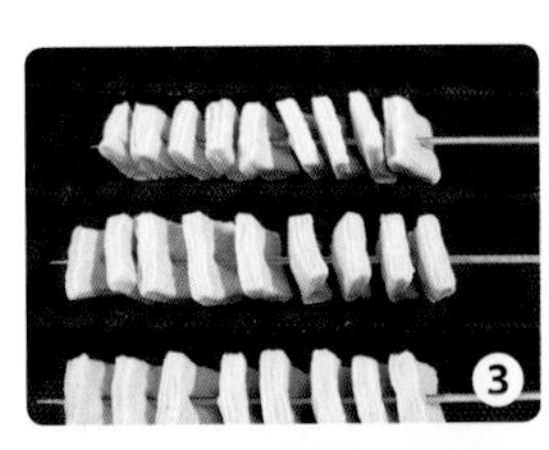

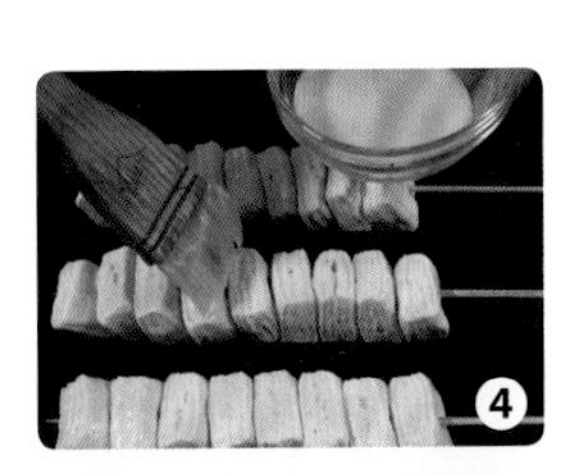

丹麦热狗

◎ 原材料

面团

装饰料：热狗肠 10 根，肉松 200 克，小香葱 100 克，香甜沙拉酱 200 克，马苏里拉芝士 300 克，风干欧芹适量

◎ 必备工具

搅拌机　发酵箱　烤箱
切面刀　烤盘　美工刀
尺子　刷子

•小提示•

面坯裹制不可太紧。

→ 制作过程

❶ 将面团擀成 0.5cm 的面片，用直尺定位后，用刀切成边长约 11cm 的正方形。

❷ 在面片上放入热狗肠，将面片对折。

❸ 将 1cm 宽的面条，一左一右上劲。

❹ 用面条裹住对折后的面片，中间留有一指空隙。

❺ 排入 U 形网盘。

❻ 放进发酵箱做最后发酵，温度 35℃、湿度 75%。发酵完成后，体积约为原来的 3 倍，刷上蛋液。

❼ 在两头放肉松、撒葱花。

❽ 沙拉酱装入裱花袋，挤在肉松上，在沙拉酱上放上芝士。

❾ 用黑芝麻点缀。

❿ 以上火 210℃、下火 190℃烘烤约 18 分钟，出炉后在表面撒上风干欧芹。

1

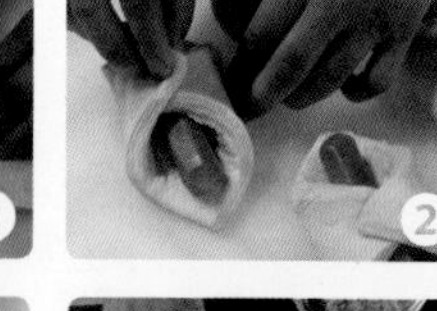
2

3

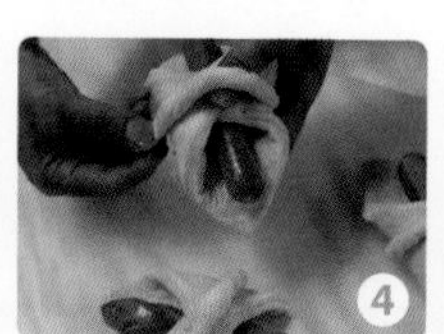
4

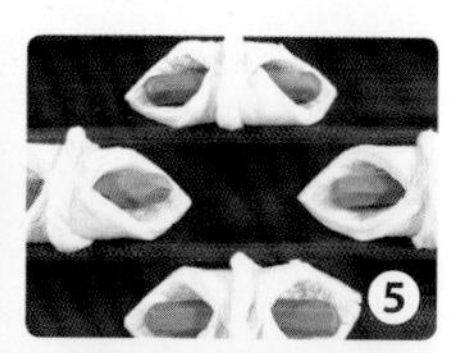
5

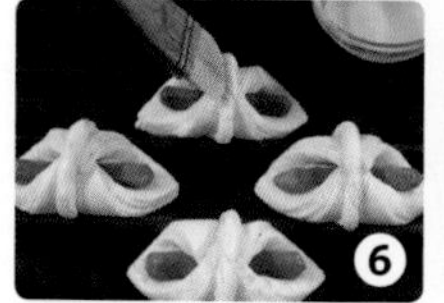
6

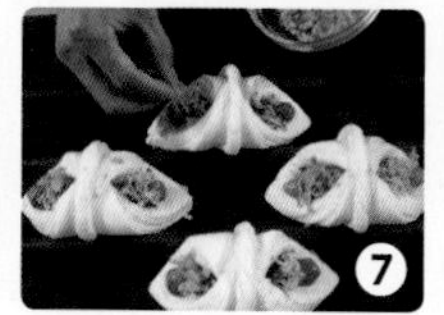
7

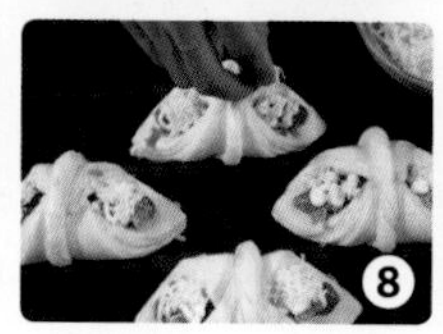
8

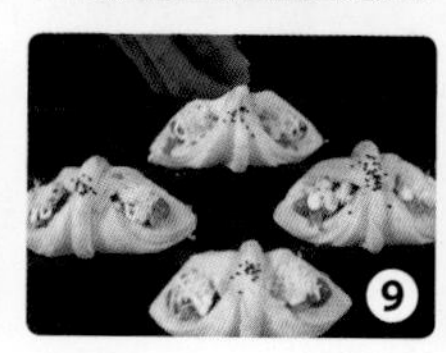
9

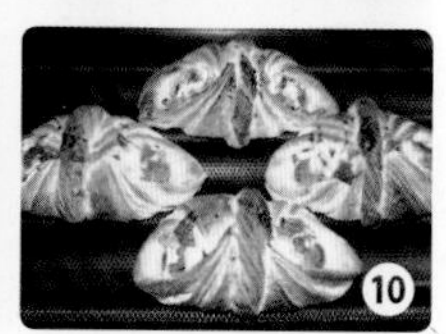
10

丹麦水果

◎ 原材料

面团

卡仕达馅：卡仕达速溶吉士粉 130 克，牛奶 500 克，白兰地 10 克，乳脂奶油 50 克，水果适量 ，除水果外，所有原料放一起拌匀。

◎ 必备工具

搅拌机　发酵箱　烤箱　切面刀　烤盘

尺子　刷子

小提示

出炉时可以刷适量的蜜汁和镜面果胶。

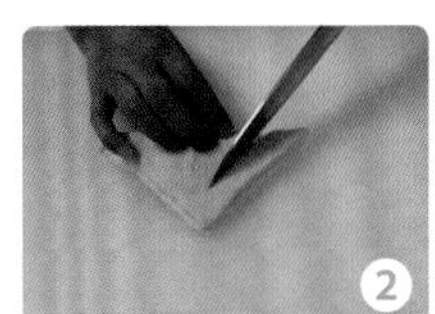

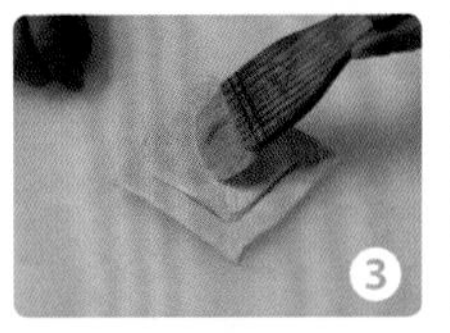

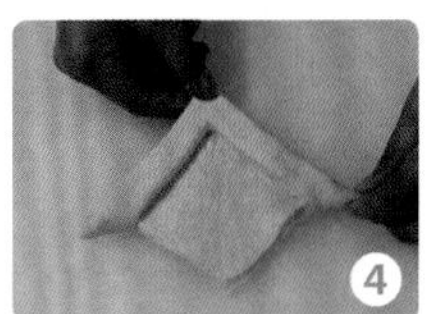

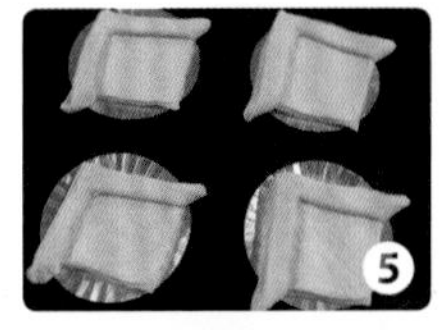

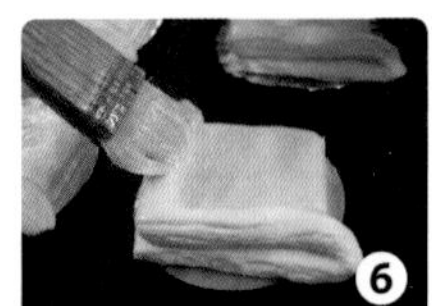

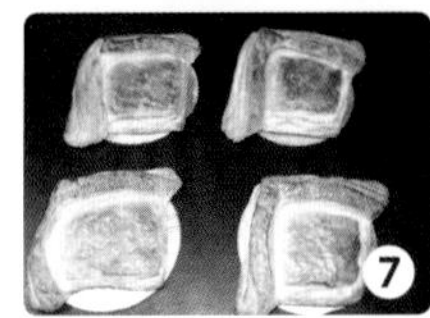

→ 制作过程

1. 将面团擀成 0.5cm 厚的面片，用直尺定位后，用刀切成 10cm 的正方形。
2. 对折后，边缘切一刀。
3. 翻开，刷蛋液。
4. 将切口的边缘提起，对折整齐黏合在一起。
5. 排入烤盘， 放进发酵箱做最后发酵，温度 35℃、湿度 75%。
6. 发酵完成后，体积约为原来的 3 倍。取出刷上蛋液。
7. 以上火 210℃、下火 190℃烘烤约 18 分钟，上色后取出。
8. 冷却后挤上卡仕达馅，然后摆上猕猴桃、黄桃、红樱桃、黑樱桃装饰即可。

丹麦黄桃

◎ 原材料

面团

装饰料：黄桃罐头适量，黑芝麻 100 克

◎ 必备工具

搅拌机　烤箱　烤盘　裱花嘴

美工刀　直尺　刷子　发酵箱

•小提示•

用吸水纸吸干黄桃表面的水分。

→ 制作过程

1. 将面团擀成 0.5cm 厚的面片，用直尺定位后，用刀切成等腰三角形。
2. 黄桃斜切成片。
3. 在面片上面放上黄桃片。
4. 将面片折起，面头压入底部。
5. 排入烤盘， 放进发酵箱做最后发酵，温度 35℃、湿度 75%。
6. 发酵完成后，体积约为原来的 3 倍。取出刷上蛋液。
7. 放上黑芝麻点缀。
8. 以上火 210℃、下火 190℃烘烤约 18 分钟。

法式面包类

法式长棍

◎ 原材料

高筋粉 1 000 克，酵母 12 克，改良剂 3 克，盐 20 克，低筋粉 200 克，水 700 克，种面 350 克， 麦芽糖 5 克

◎ 必备工具

U 形烤盘　刀片　电子克秤　发酵箱　白刮板　喷水壶　烤箱　和面机

→ 制作过程

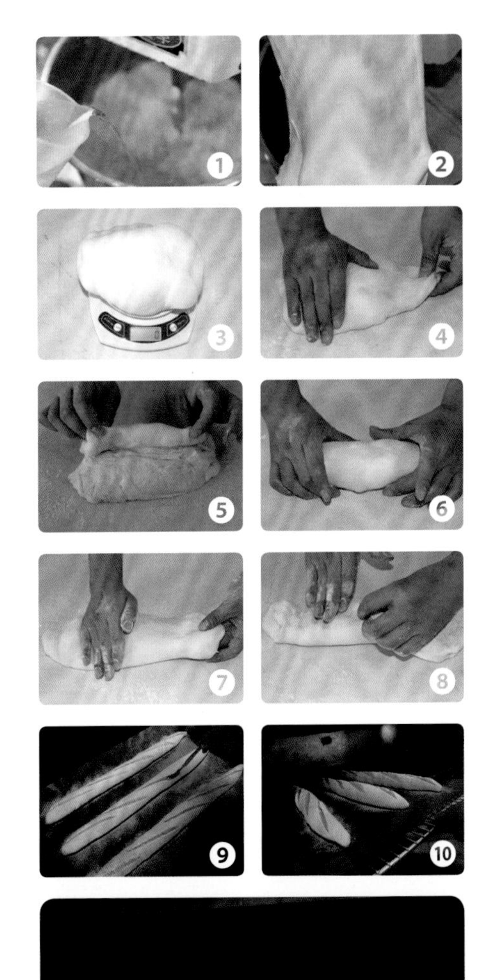

1. 将高筋粉、低筋粉、酵母、改良剂、麦芽糖放入和面机内搅拌均匀，加水、和好的种面搅拌至成团后至五成左右。
2. 加盐，搅拌至八成，能撕成薄膜状即可。
3. 取出放至发酵箱，松弛 40 分钟，然后分割成 350 克的面团，呈圆柱形再次松弛 40 分钟。
4. 最后成型，先用掌根排出气泡，撕成片状。
5. 从外朝内卷起。
6. 每卷一次都要排气泡，然后将两头收紧。
7. 从中间向两头搓。
8. 整形成长条摆放在烤盘上，然后放入发酵箱。
9. 发酵大约 20 分钟后，用刀片划出柳叶状的刀口。
10. 放至烤箱，喷蒸汽后烘烤，10 分钟之后，调至烤盘后再次喷蒸汽。
11. 以上火 220℃、下火 220℃烘烤约 30 分钟至金黄色即可。

•小提示•

1. 刀口要划一致。
2. 烘烤前 10 分钟不要打开烤箱。
3. 放入烤箱时喷蒸汽，喷蒸汽后及时关上烤箱。

法式橄榄包

◎ 原材料

高筋粉 1 000 克，酵母 12 克，改良剂 3 克，盐 20 克，水 700 克，种面 345 克，麦芽糖 5 克

◎ 必备工具

U 形烤盘　刀片　电子克秤　白刮板　喷水壶　烤箱　和面机　发酵箱

小提示

1. 柳叶形刀口要划得一致。
2. 烘烤前 10 分钟不要打开烤箱。
3. 放入烤箱时喷蒸汽，喷蒸汽后及时关上烤箱。

→ 制作过程

❶ 将高筋粉、酵母、改良剂、麦芽糖放入和面机内搅拌均匀。

❷ 加水、和好的种面搅拌至成团后至五成左右，没有完全形成薄膜状。

❸ 加盐，搅拌至八成，能撕成薄膜状即可。

❹ 取出面团放至发酵箱，松弛 40 分钟。

❺ 分割成 350 克的面团，呈圆柱形再次松弛 40 分钟。

❻ 最后成型，先用掌根排出气泡，擀开后从外朝内卷起，每卷一次都要排气泡。

❼ 两头收紧呈橄榄形后放入烤盘。

❽ 从发酵箱取出，筛干粉后划柳叶形刀口（约三刀）。

❾ 放至烤箱，喷蒸汽后烘烤。

❿ 以上火 220℃、下火 220℃烘烤约 30 分钟至金黄色即可。

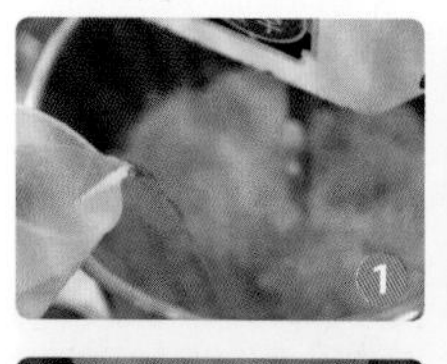
1

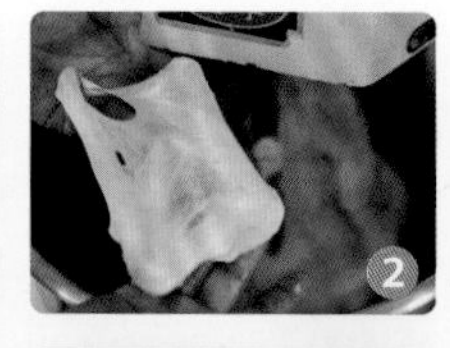
2

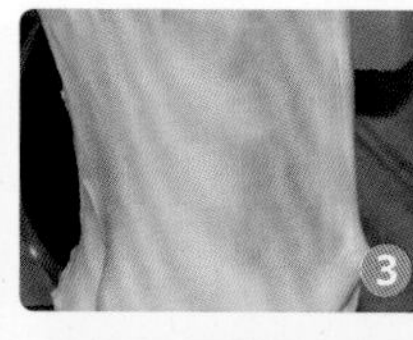
3

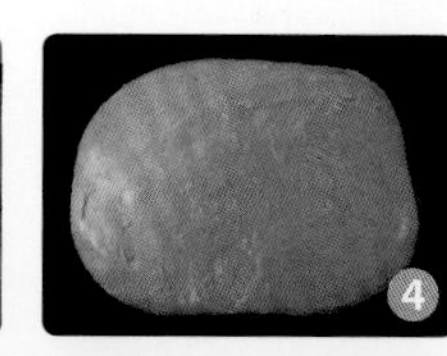
4

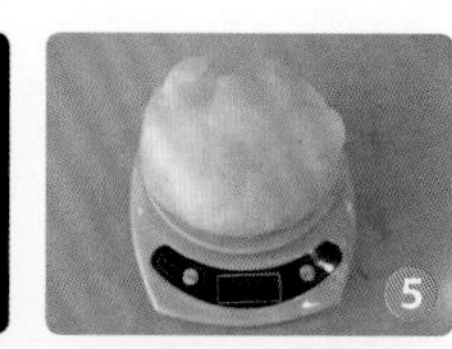
5

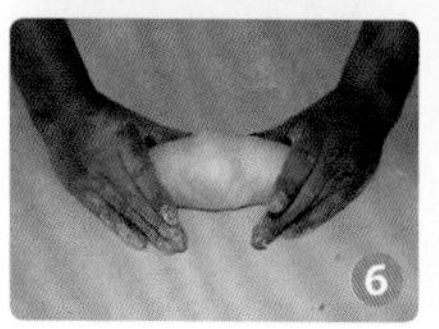
6

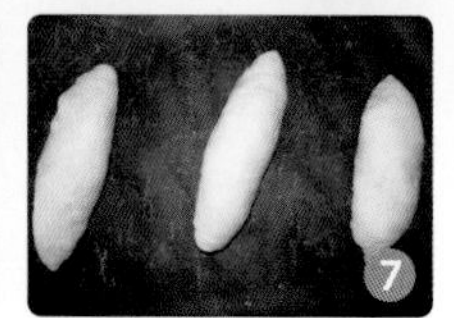
7

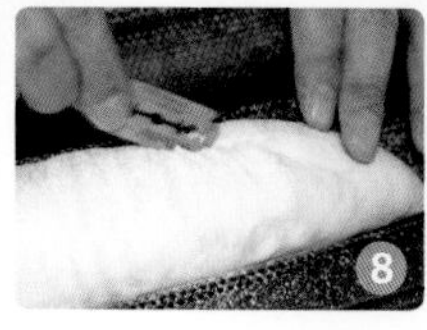
8

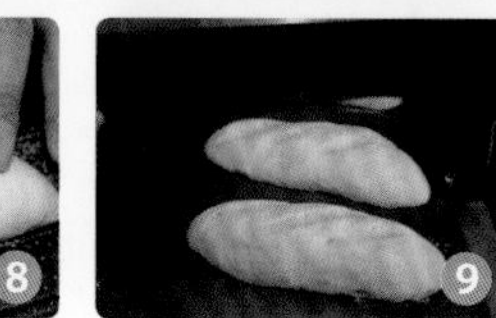
9

10

裸麦面包

◎ 原材料

高筋粉 1 000 克，低筋粉 200 克，改良剂 5 克，裸麦粉 120 克，麦芽糖 20 克 ，酵母 10 克，盐 12 克，种面 350 克，水 600 克

◎ 必备工具

和面机　电子克秤　白毛巾

擀面杖　白刮板　刀片

面筛　发酵箱　烤盘

烤箱

→ 制作过程

1. 将高筋粉、低筋粉、裸麦粉、酵母、改良剂、麦芽糖倒入和面机搅匀。
2. 加水、和好的种面搅拌至成团后至五成左右；加盐搅拌至七成。
3. 松弛 20~30 分钟后，分割为每个 200 克的面团。
4. 搓圆，松弛 10~15 分钟后擀开。
5. 成型后呈橄榄形，收口朝下。
6. 放入烤盘进入发酵箱醒发，醒发至两倍大后取出，表面筛干粉，划柳叶刀口。
7. 放至烤箱，喷蒸汽后烘烤，以上火 180℃、下火 220℃烘烤约 30 分钟即可。

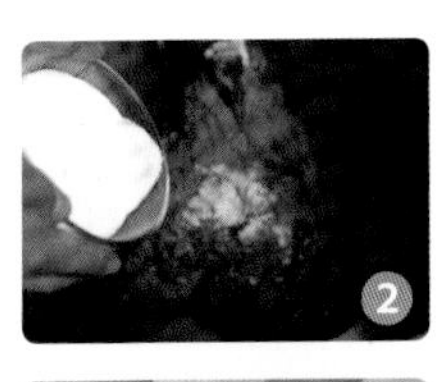

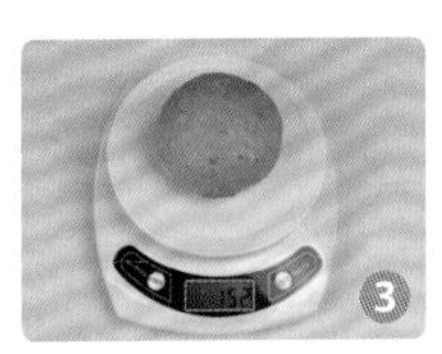

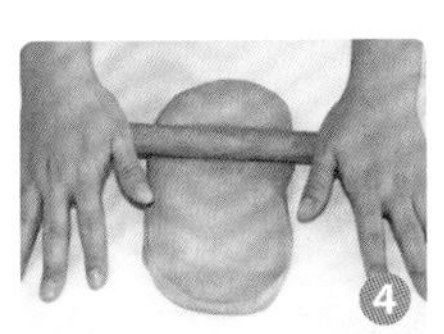

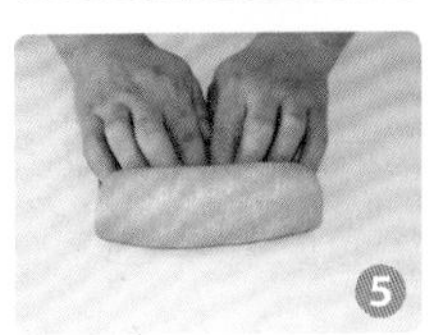

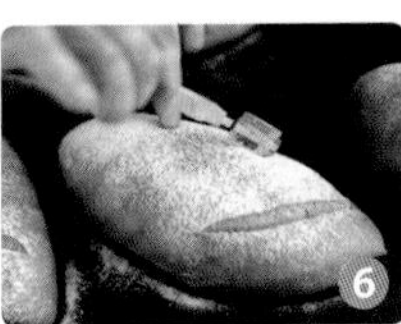

小提示

1. 划刀要均匀。2. 干粉不要筛得太多。

法包

◎ 原材料

高筋粉 1 000 克，低筋粉 200 克，酵母 12 克，改良剂 3 克，盐 20 克，水 700 克，种面 250 克，麦芽糖 5 克

◎ 必备工具

擀面杖　刀片　电子克秤
白刮板　喷水壶　烤盘
烤箱　和面机　发酵箱
面筛

•小提示•

表面刷蛋液时，不要刷到侧边切口处，否则不容易脱模。

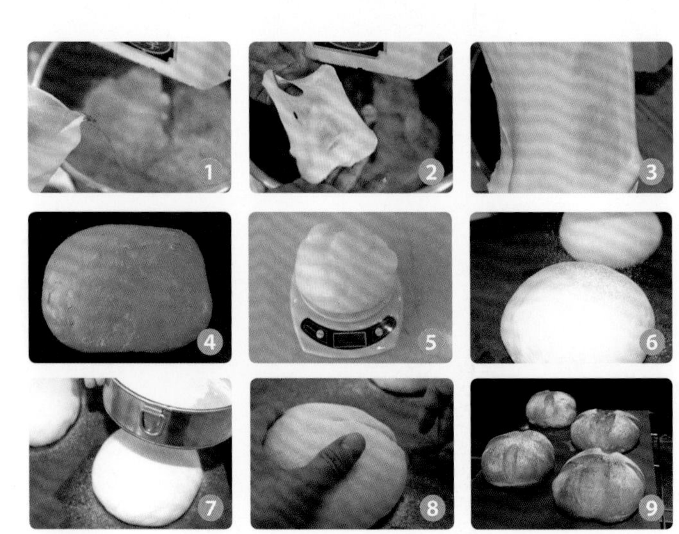

→ 制作过程

1. 将高筋粉、低筋粉、酵母、改良剂、麦芽糖放入和面机内搅拌均匀。
2. 加水、和好的种面搅拌至成团后至五成左右，没有完全形成薄膜状。
3. 加盐，搅拌至八成，能撕成薄膜状即可。
4. 取出放至发酵箱，松弛 40 分钟。
5. 分割成每个 350 克的面团后搓圆，放入发酵箱醒发 40 分钟左右。
6. 从发酵箱取出。
7. 筛干粉。
8. 划十字刀口（约四刀）。
9. 放至烤箱，喷蒸汽后烘烤，10 分钟之后，调至烤盘后再次喷蒸汽，然后用上火 220℃、下火 220℃（约 30 分钟）烘烤至金黄色即可。

荞麦面包

◎ 原材料

高筋粉 1 000 克，改良剂 5 克，荞麦粉 120 克，白糖 80 克，
酵母 10 克，盐 12 克，水 600 克，种面 345 克，麦芽糖适量

◎ 必备工具

擀面杖	白毛巾	电子克秤
白刮板	喷水壶	烤盘
刀片	和面机	发酵箱
面筛	烤箱	

小提示

1. 划刀要均匀。2. 干粉不要筛太多。

→ 制作过程

1. 将高筋粉、荞麦粉、酵母、改良剂、白糖、麦芽糖倒入和面机先搅匀。
2. 加入水、和好的种面搅拌成团后至五成左右。
3. 加盐搅拌至七成。
4. 取出放至发酵箱松弛 10~15 分钟。
5. 分割为每个 120 克的面团，搓圆，松弛 10~15 分钟。
6. 擀开。
7. 成型为圆柱形，收口朝下。
8. 醒发至两倍后，表面筛干粉，划柳叶刀口。
9. 放至烤箱，喷蒸汽后烘烤，温度为上火 180℃、下火 220℃（约 30 分钟），烘烤至上色即可。

杂粮面包

◎ 必备工具

电子克秤　白毛巾　擀面杖　白刮板　刀片　面筛　烤箱　和面机　发酵箱　烤盘

◎ 原材料

高筋粉1 000克，改良剂3克，杂粮粉120克，白糖80克，奶粉30克，鸡蛋100克，酵母10克，盐12克，水550克，种面350克，杂粮燕麦少许

→ 制作过程

1. 将高筋粉、杂粮粉、酵母、改良剂、白糖、奶粉倒入和面机搅匀。
2. 加水、鸡蛋、和好的种面搅拌至成团后至五成左右。
3. 加盐搅拌至七成。
4. 将面团分割为每个150克的面团。搓圆后，松弛10~15分钟。
5. 将面团擀开，成型后呈橄榄形，然后沾上杂粮燕麦。
6. 放至烤盘进入发酵箱醒发，醒发至两倍大，取出后划柳叶刀口。
7. 放至烤箱，喷蒸汽后烘烤。
8. 温度为上火220℃、下火220℃（约30分钟），上色即可出炉。

•小提示•

划刀要均匀。

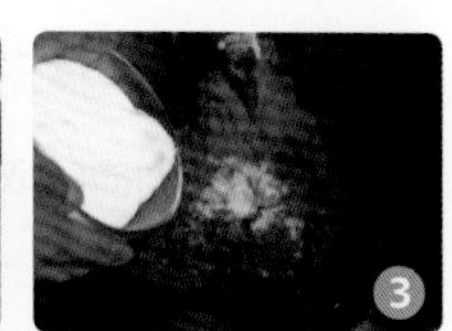

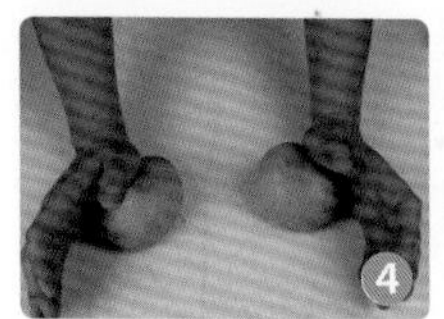

法式蒜香片

◎ 原材料

高筋粉 1 000 克，酵母 12 克，改良剂 3 克，盐 20 克，低筋粉 200 克，水 700 克，种面 350 克，麦芽糖 5 克，黄油 300 克，盐 5 克，味精 5 克，蒜 50 克，蒜香酱、葱末适量

◎ 必备工具

搅拌机　发酵箱　烤箱　切面刀

尺子　刷子　美工刀　烤盘

→ 制作过程

❶ 将高筋粉、低筋粉、酵母、改良剂、麦芽糖放入和面机内搅拌均匀。加水、和好的种面搅拌至成团后至五成左右。

❷ 加盐（20 克），搅拌至八成，能撕成薄膜状即可。

❸ 整形。

❹ 放入 U 形烤盘，再放入发酵箱中醒发，划刀，烘烤后冷却备用。

❺ 将黄油、盐（5 克）、味精、蒜、葱末拌匀，把蒜香酱调制好后备用。

❻ 取出法棍后切成片。

❼ 丈量厚度约 2cm。

❽ 丈量长度约 15cm。

❾ 抹蒜香酱。

❿ 以上火 160℃、下火 160℃烘烤约 10 分钟，至呈金黄色即可。

•小提示•

1. 法棍均匀切片。2. 蒜香酱要抹均匀。

法式奶香片

◎ 原材料

高筋粉 1 000 克，酵母 12 克，改良剂 3 克，盐 20 克，低筋粉 200 克，水 700 克，种面 350 克，麦芽糖 5 克，黄油 300 克，牛奶 200 克，白糖 100 克

◎ 必备工具

锯齿刀　抹刀　玻璃碗　烤盘　烤箱　和面机

→制作过程

❶ 将高筋粉、低筋粉、酵母、改良剂、麦芽糖放入和面机内搅拌均匀。加水、和好的种面搅拌至成团后至五成左右。

❷ 加盐，搅拌至八成，能撕成薄膜状即可。

❸ 整形。

❹ 放入 U 形烤盘醒发，醒发好后划刀、烤制。

❺ 将黄油、牛奶、白糖按比例调好后备用。

❻ 取出法棍后切成片。

❼ 丈量厚度约 2cm。

❽ 丈量长度约 15cm。

❾ 沾满奶香液。

❿ 及时烘烤约 10 分钟，上火 160℃、下火 160℃。

•小提示•

1. 法棍均匀切片。2. 奶香液要抹均匀。

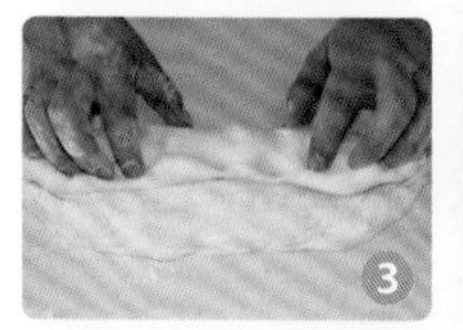

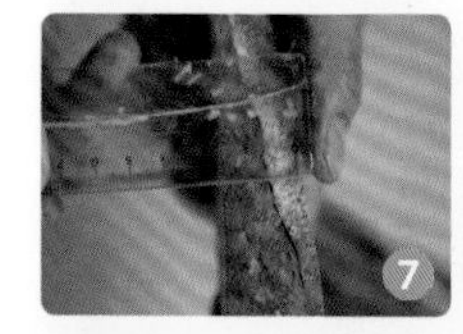

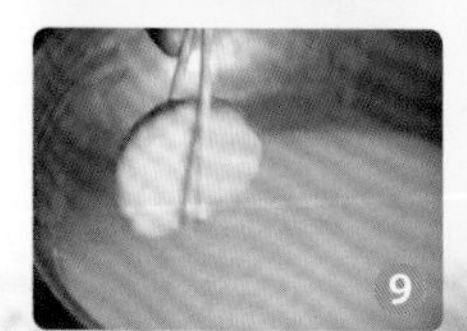

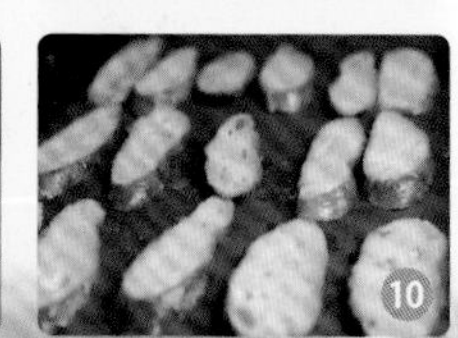

法式辫子包

◎ 原材料

高筋粉 1 000 克，酵母 12 克，改良剂 3 克，盐 20 克，水 700 克，可可粉适量，种面 355 克，麦芽糖 5 克

◎ 必备工具

U 型烤盘　刀片　电子克秤　白刮板

和面机　喷水壶　烤箱　面筛

发酵箱

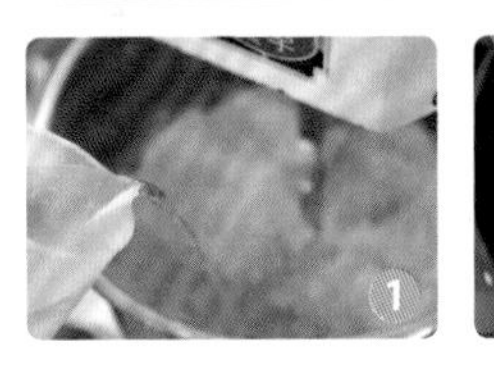
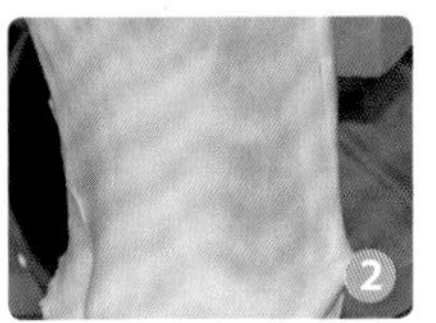
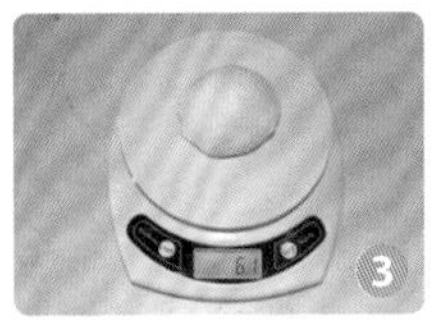
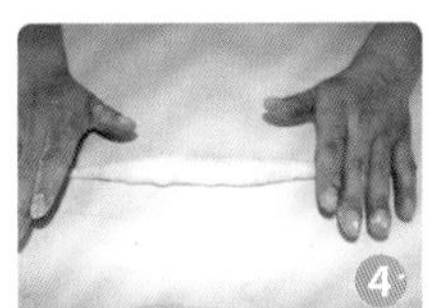
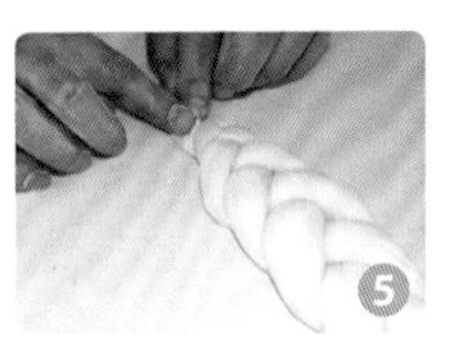
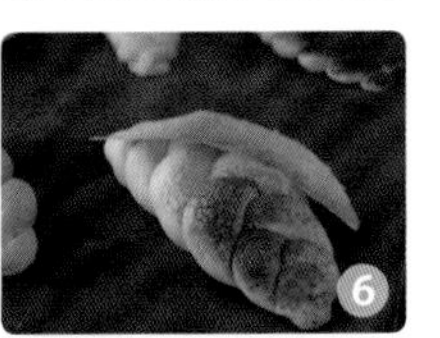

→ 制作过程

1. 将高筋粉、酵母、改良剂、麦芽糖放入和面机内搅拌均匀。
2. 加水、和好的种面搅拌至成团后至五成左右。加盐，搅拌至八成，能撕成薄膜状即可。
3. 取出松弛 40 分钟，然后分割成每个 50 克的剂子并搓圆。
4. 再次松弛 20 分钟后擀开，搓成橄榄形的条。
5. 编成三股辫。
6. 放至烤盘上，进入发酵箱醒发，醒发至原体积的两倍大时取出，筛上可可粉和干粉。
7. 放置于烤箱中，喷蒸汽后烘烤。
8. 温度为上火 220℃、下火 220℃（约 30 分钟），烘烤至金黄色即可。

小提示

1. 搓条要中间粗、两头细，长短一致。
2. 在编三股辫时不能过紧。

调理面包、比萨

比萨饼底制作

◎ 原材料

高筋粉 1 000 克，鸡蛋 2 个，水约 450 克，砂糖 100 克，酵母 10 克，奶粉 30 克、盐 10 克，橄榄油 100 克

◎ 必备工具

搅拌机　发酵箱　比萨盘
切面刀　烤盘　不锈钢叉

小提示

冬天制作时可选用温水或常温水，夏天时则选用冰水。

→ 制作过程

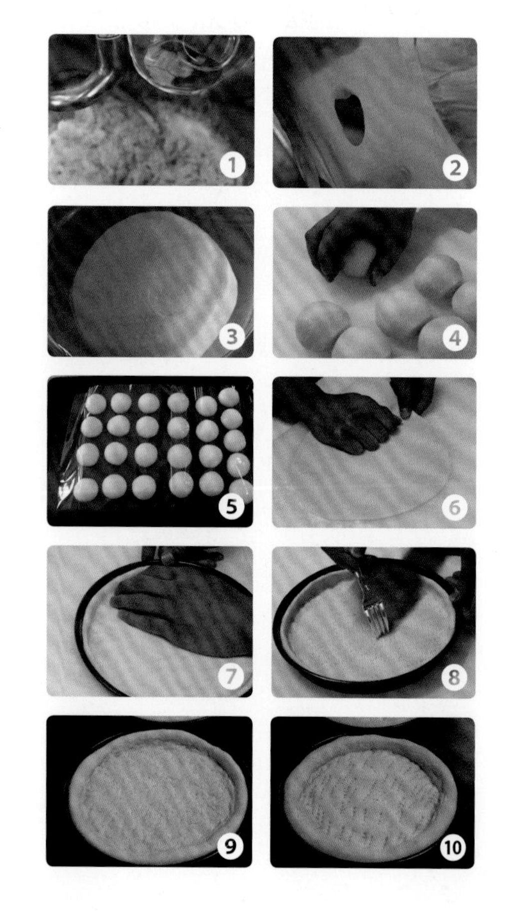

❶ 将高筋粉、砂糖、酵母、奶粉、盐投入搅拌缸内慢速搅匀，加入鸡蛋、水、橄榄油搅匀成面团。

❷ 继续搅拌至面筋完全扩展阶段。

❸ 将面团收光滑，盖上薄膜，放入发酵箱松弛 20 分钟。

❹ 将面团分割成每个 120 克的剂子，搓揉光滑。

❺ 将面团排入烤盘，盖上薄膜，放入湿度 80%、温度 35℃的发酵箱中发酵 10 分钟。

❻ 将面团用手拍制成圆形饼皮。

❼ 放入比萨盘，做出卷边。

❽ 用不锈钢叉扎出孔洞。

❾ 放入湿度 80%、温度 35℃的发酵箱中发酵 30 分钟，发酵到原来体积的两倍左右时取出。

❿ 用上火 200℃、下火 180℃烘烤约 10 分钟，至表面微微泛黄即可出炉。

芝士培根比萨

·小提示·

不容易成熟的原料放在比萨饼的表面。

◎ 原材料

马苏里拉芝士 250 克，洋葱 1 个，青椒 2 个，红椒 1 个，比萨酱适量，肉松 100 克，胡萝卜 1 根，培根 10 片，方火腿 1 块，香甜沙拉酱适量，比萨饼底

◎ 必备工具

比萨盘　发酵箱　烤箱　切刀　烤盘　刷子

→ 制作过程

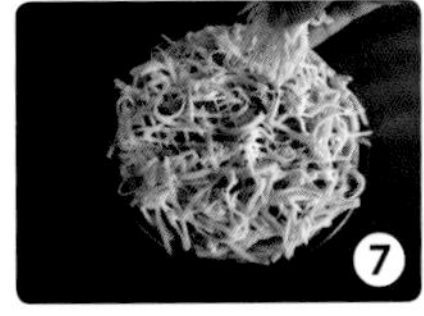

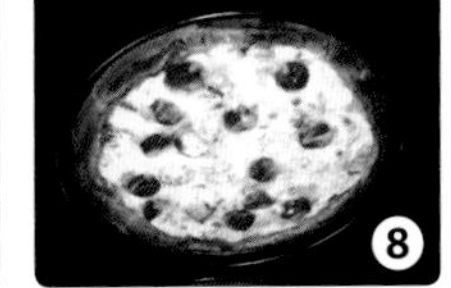

1. 取烤好的半成品比萨饼底备用。
2. 将橄榄油刷在饼底上。
3. 涂抹上比萨酱。
4. 撒上马苏里拉芝士。
5. 摆放洋葱、青红椒、胡萝卜，撒上肉松。
6. 摆上方火腿片，将培根肉摆放在最上层，再撒点芝士粒。
7. 挤上沙拉酱，再撒上马苏里拉芝士，以上火 210℃、下火 160℃烘烤 10 分钟。
8. 待表面呈金黄色时取出即可。

时蔬比萨

◎ 原材料

马苏里拉芝士 250 克，小番茄 10 粒，西蓝花 300 克，酸青瓜 2 根，甜玉米粒 1 罐，比萨酱适量，胡萝卜 1 根，洋葱 1 个，方火腿 1 块，香甜沙拉酱适量，比萨饼底

◎ 必备工具

比萨盘　烤箱　发酵箱　切刀　烤盘　刷子

→ 制作过程

1. 取烤好的半成品比萨饼底备用。
2. 将橄榄油刷在饼底上。
3. 涂抹上比萨酱。
4. 撒上马苏里拉芝士。
5. 摆放甜玉米粒、胡萝卜、酸青瓜片、小番茄、西蓝花。
6. 在西蓝花表面撒上芝士粒。
7. 挤上沙拉酱，放入烤箱以上火 210℃、下火 160℃烘烤 10 分钟。
8. 待表面呈金黄色时取出即可。

•小提示•

不容易成熟的原料放在比萨饼的表面。

海鲜比萨

◎ 原材料

文蛤肉 100 克，虾仁 50 克，热狗肠 1 根，马苏里拉芝士 250 克，小番茄 10 粒，西蓝花 300 克，酸青瓜 2 根、甜玉米粒 1 罐，比萨酱适量，胡萝卜 1 根，方火腿 1 块，香甜沙拉酱适量，比萨饼底

◎ 必备工具

比萨盘　烤箱　发酵箱　切刀　烤盘　刷子

→ 制作过程

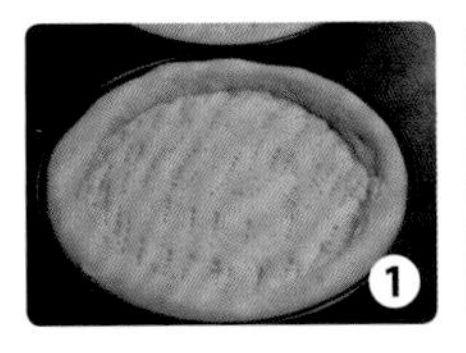

1. 取烤好的半成品比萨饼底备用。
2. 将橄榄油刷在饼底上。
3. 涂抹上比萨酱。
4. 撒上马苏里拉芝士。
5. 摆放洋葱、青红椒、文蛤肉、虾仁、热狗肠。
6. 挤上沙拉酱，再撒上马苏里拉芝士。
7. 放入烤箱以上火 210℃、下火 160℃烘烤 10 分钟，待表面金黄色时取出即可。

小提示

不容易成熟的原料放在比萨饼的表面。

牛肉汉堡

小提示

在制作时，汉堡面包可以加热一下，这样制作出来的汉堡口感更好。

◎ 原材料

生菜 100 克，西红柿片 15 片，黄瓜片 25 片，牛肉饼 15 片，酸黄瓜片 25 片，香甜沙拉酱适量，牛肉饼 1 块

◎ 必备工具

锯齿刀　筷子　裱花袋　剪刀

→ 制作过程

❶ 准备所需要的汉堡夹心材料。
❷ 汉堡面包从中间切开，在面包底层铺上生菜，放上牛肉饼。
❸ 将西红柿、黄瓜片、酸黄瓜片摆放在牛肉饼上方，再挤上香甜沙拉酱和番茄沙司。
❹ 将汉堡面包上层放上即可。

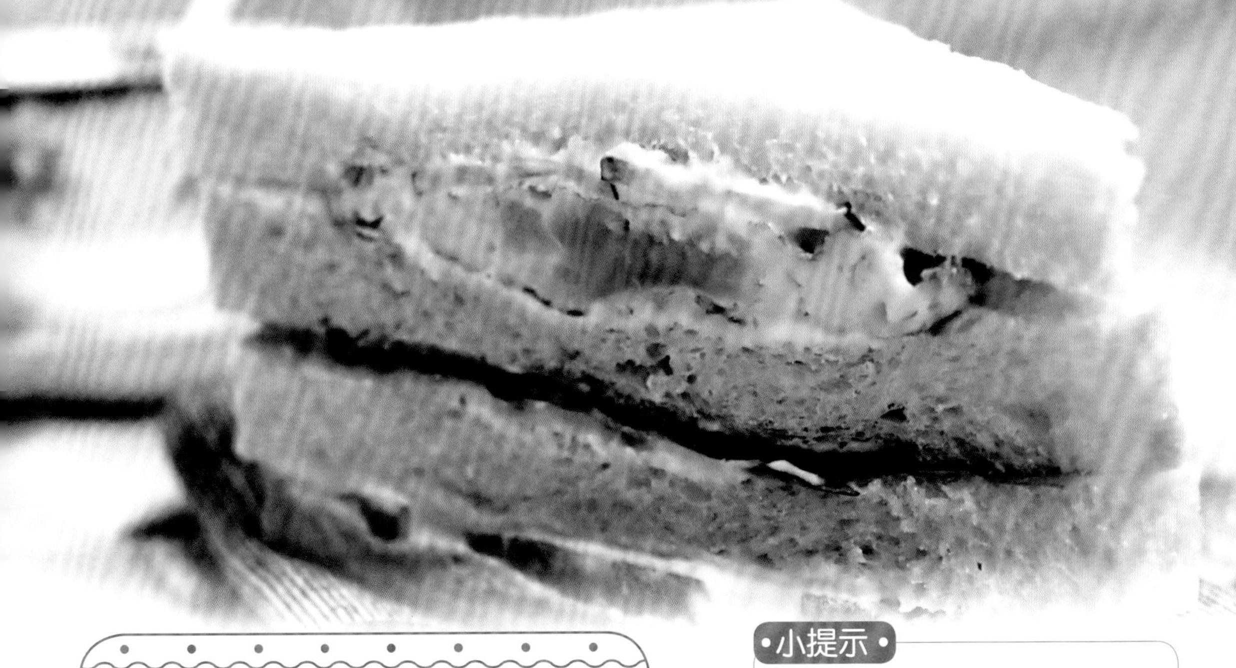

鸡蛋培根三明治

•小提示•

注意制作工具的清洁，切三明治时辅助的左手不可用力过大。

◎ 原材料

白吐司片 16 片，烤熟的培根 20 片，生菜 200 克，西红柿片 5 片，煎蛋 5 个，黄瓜片 20 片，即食芝士片 5 片，香甜沙拉酱适量，沙拉汁适量

◎ 必备工具

烤盘纸 1 张　锯齿刀　裱花袋　剪刀

→ 制作过程

❶ 将原味白吐司切成厚薄均匀的片，4 片为一组。
❷ 在吐司片上挤上香甜沙拉酱。
❸ 将西红柿片、生菜、培根、黄瓜片摆放在吐司片上。
❹ 在西红柿上挤上香甜沙拉酱，放置好即食芝士片。
❺ 挤上沙拉酱，均匀涂抹沙拉汁。
❻ 将吐司片按层次叠在一起。
❼ 将叠好层次的三明治去除四边。
❽ 从中间位置一切为二即可。

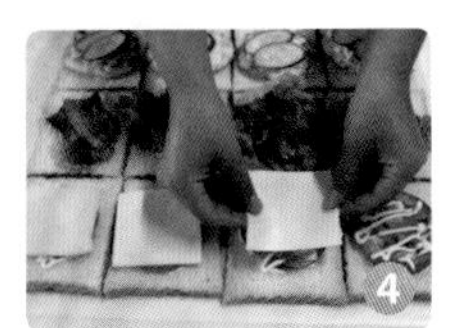

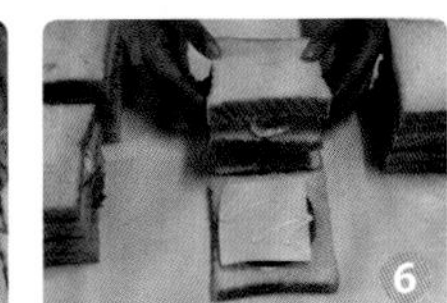

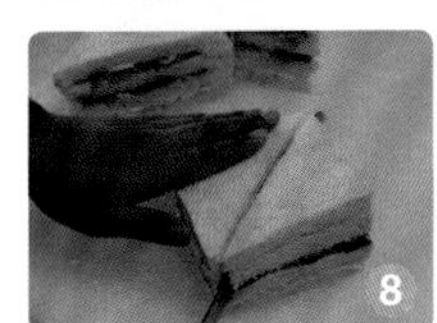

肉松火腿三明治

•小提示•

注意制作工具的清洁，切三明治时辅助的左手不可用力过大。

◎ 原材料

白吐司片 16 片，烤熟的火腿片 20 片，生菜 200 克，西红柿片 5 片，肉松 200 克，黄瓜片 20 片，即食芝士片 5 片，香甜沙拉酱适量，照烧酱适量

◎ 必备工具

烤盘纸 1 张　锯齿刀　裱花袋　剪刀

→ 制作过程

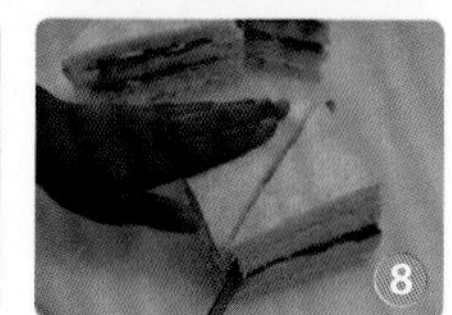

❶ 将原味白吐司切成厚薄均匀的片，4 片为一组。
❷ 在吐司片上挤上香甜沙拉酱。
❸ 将西红柿片、生菜、火腿片、黄瓜片摆放在吐司片上。
❹ 将肉松摆放在火腿片上。
❺ 放置好即食芝士片。
❻ 挤上香甜沙拉酱、番茄沙司，均匀涂抹照烧酱。
❼ 将吐司片按层次叠在一起，然后将叠好层次的三明治去除四边。
❽ 从中间位置一切为二即可。

吐司面包

◎ 原材料

高筋粉 1 500 克，白糖 260 克，酵母 10 克，改良剂 5 克，鸡蛋 350 克，盐 15 克，黄油 200 克，水 740 克，奶粉 100 克，种面 450 克

（**种面配方：**高筋粉 1000 克，酵母 10 克，改良剂 5 克，水 650 克，盐 10 克。**种面制作过程：**将所有原料放入搅拌桶搅拌均匀，然后放入保鲜冰箱 12 个小时待用。）

→ 制作过程

1. 将高筋粉、酵母、改良剂、白糖、奶粉倒入和面机慢速搅匀。
2. 加入鸡蛋、和好的种面、水搅拌至成团后至五成左右。
3. 加盐搅拌至七成，再加黄油慢速搅拌至九成。
4. 能撕出薄膜状即可。
5. 取出放至发酵箱松弛 10~15 分钟。
6. 分割面团，每个 450 克，搓圆，松弛 10~15 分钟。
7. 松弛后擀开，再卷起呈圆柱形，收口朝下。
8. 放进吐司盒，再放到发酵箱醒发。
9. 发酵至八成（约 45 分钟）后拿出。
10. 将吐司盒加盖放至烤箱，以上火 200℃、下火 220℃烘烤，烤至金黄色即可。

◎ 必备工具

吐司盒　网架　和面机
白刮板　电子克秤　烤箱
白毛巾　烤盘

•小提示•

成型时不要卷得过紧。

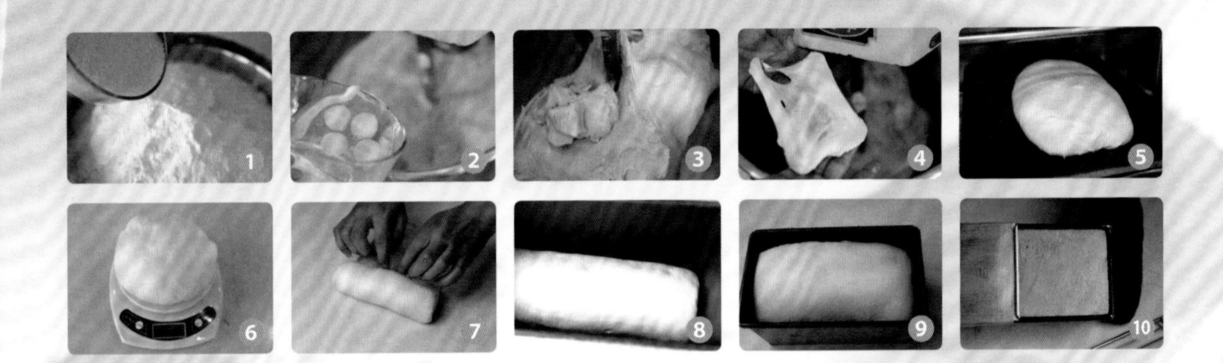

提子吐司

◎ 原材料

高筋粉 1 500 克，白糖 260 克，酵母 16 克，改良剂 5 克，鸡蛋 150 克，盐 15 克，黄油 200 克，水 740 克，提子干 200 克，种面 350 克，奶粉 100 克

→ 制作过程

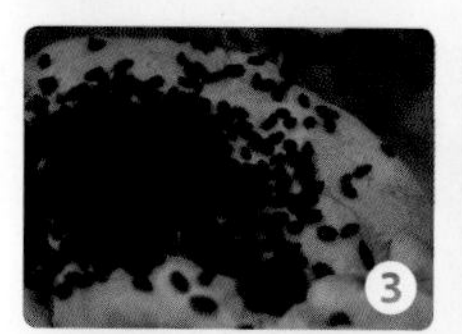

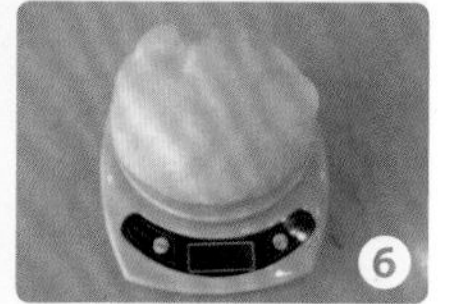

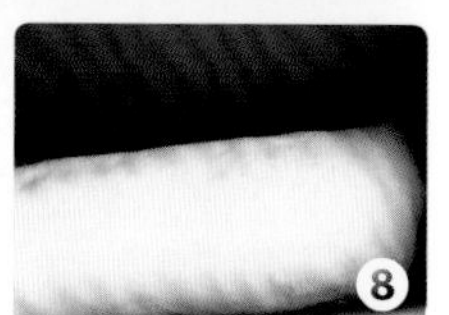

❶ 将高筋粉、酵母、改良剂、白糖、奶粉倒入和面机先搅拌均匀。

❷ 加和好的种面、鸡蛋、水搅拌至成团后至五成左右，然后加盐搅拌至七成。

❸ 将面团搅拌均匀，再加入提子干后搅拌均匀。

❹ 加黄油搅拌至八成，能撕出薄膜状即可。

❺ 取出放至发酵箱松弛 10~15 分钟。

❻ 分割面团，每个 450 克，搓圆，松弛 10~15 分钟。

❼ 将面团擀开，然后卷成圆柱形，收口朝下。

❽ 放进吐司盒，再放进发酵箱醒发。

❾ 发酵至八成取出。

❿ 吐司盒加盖后放进烤箱，烘烤温度为上火 200℃、下火 220℃，烘烤至金黄色。

◎ 必备工具

吐司盒　网架　和面机

白刮板　电子克秤　白毛巾

擀面杖　发酵箱　烤盘

烤箱

•小提示•

成型时不要卷得过紧。

丹麦吐司

◎ 原材料

高筋粉 1 000 克，白糖 200 克，改良剂 10 克，鸡蛋 100 克，盐 10 克，黄油 200 克，水 650 克，片状酥油 250 克

◎ 必备工具

吐司盒　网架　和面机　白刮板　电子克秤　白毛巾　擀面杖　发酵箱　烤盘　烤箱

•小提示•

成型时不要卷得过紧。

→制作过程

1. 将高筋粉、酵母、改良剂、白糖倒入和面机慢速搅均匀。
2. 加鸡蛋、水，中速搅拌至五成左右。
3. 加黄油、盐，搅拌至九成，能撕出薄膜状即可。
4. 把面团松弛 10~15 分钟后擀开，面积是片状起酥油的两倍。包油后，开三折，折三折。
5. 擀开裁成条状。
6. 编辫子时编松一点。
7. 编成三股辫子状。
8. 编成辫子状后叠好。
9. 放至吐司盒发酵，发至九分满。
10. 放入烤箱（无须盖上盖子）烘烤，温度为上火 180℃、下火 220℃，烘烤至金黄色（大约 30 分钟）后取出。

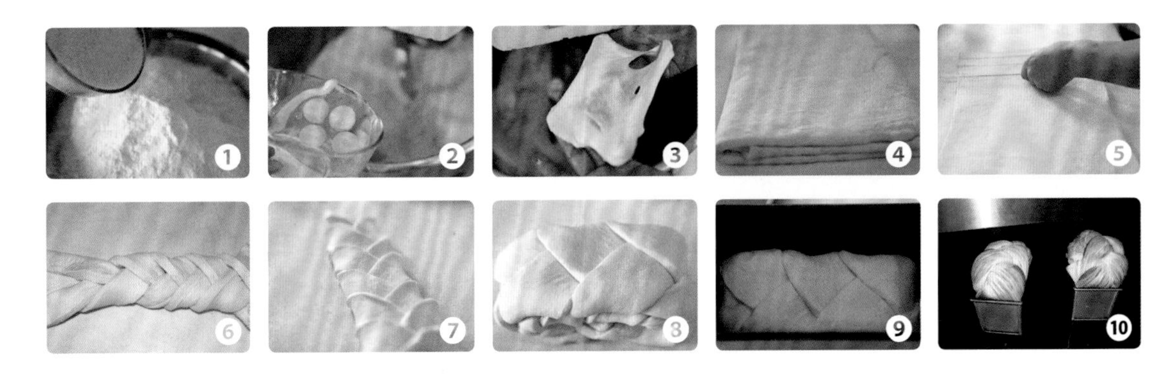

全麦吐司

◎ 原材料

高筋粉 850 克，白糖 100 克，全麦粉 200 克，酵母 16 克，改良剂 10 克，鸡蛋 150 克，盐 15 克，黄油 200 克，牛奶 640 克，燕麦片少许，种面 200 克

◎ 必备工具

吐司盒　网架　和面机
白刮板　电子克秤　白毛巾
擀面杖　发酵箱　烤盘
烤箱

•小提示•

成型时不要卷得过紧。

→ 制作过程

1. 将高筋粉、全麦粉、酵母、改良剂、白糖倒入和面机搅拌均匀。
2. 加牛奶、鸡蛋、和好的种面等搅拌至成团后至五成左右，加盐搅拌至六成，加黄油搅拌至八成。
3. 取出放至发酵箱松弛 10~15 分钟。
4. 将面团分割为每个 150 克的剂子。
5. 搓圆，松弛 10~15 分钟。
6. 将面团擀开。
7. 卷成圆柱形，收口朝下。
8. 表面沾满燕麦片。
9. 放至吐司盒，进入发酵箱醒发，发酵至九成后取出。
10. 放至烤箱，烘烤温度为上火 220℃、下火 200℃，烘烤至上色即可（大约 35 分钟）。

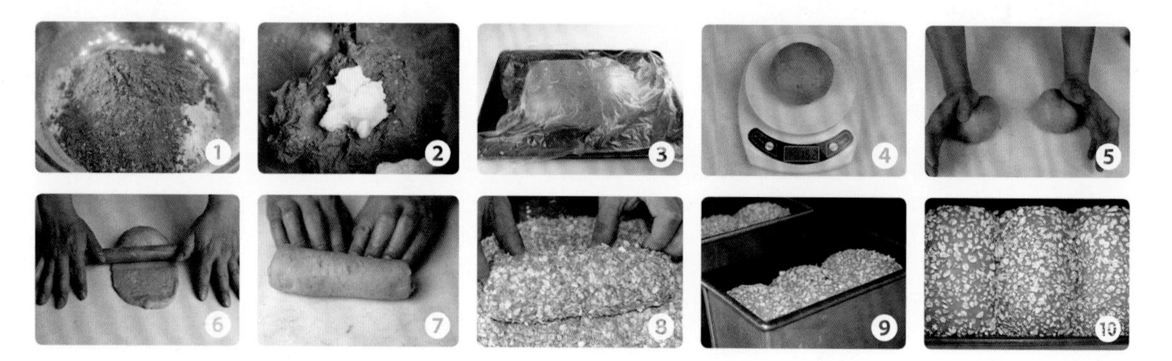

奶油吐司

◎ 原材料

高筋粉 1 500 克，白糖 200 克，酵母 16 克，改良剂 10 克，鸡蛋 150 克，盐 15 克，黄油 200 克，牛奶 740 克，种面 350 克

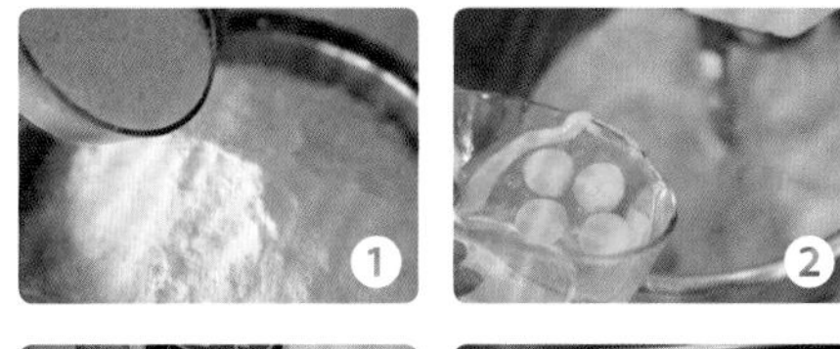

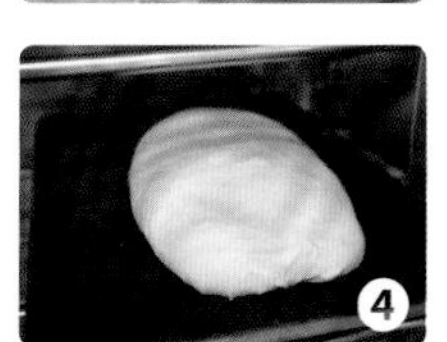

◎ 必备工具

吐司盒　网架　和面机　白刮板
烤箱　电子克秤　白毛巾　擀面杖
烤盘　发酵箱

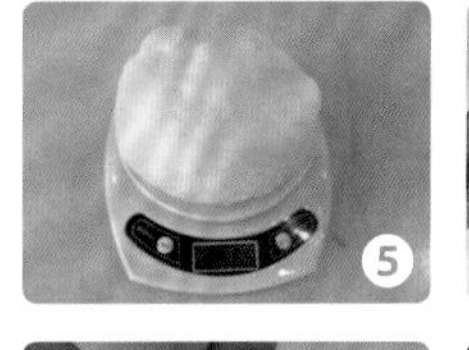

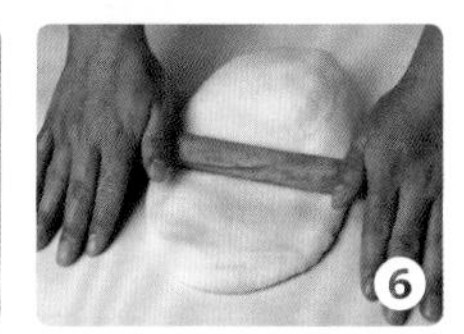

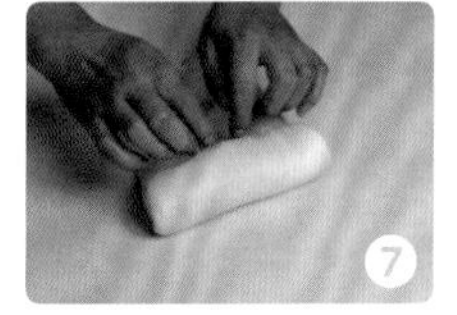

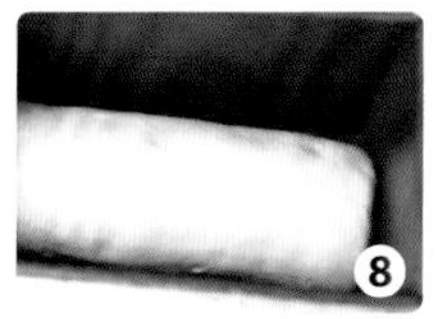

→ 制作过程

❶ 将高筋粉、酵母、改良剂、白糖、奶粉倒入和面机搅拌均匀。

❷ 加和好的种面和鸡蛋、牛奶，搅拌至成团至五成左右。加盐搅拌至七成。

❸ 加入黄油搅拌至能撕出薄膜状即可。

❹ 取出放至发酵箱松弛 10~15 分钟。

❺ 分割面团，每个 450 克，搓圆，松弛 10~15 分钟。

❻ 将面团擀开。

❼ 卷成圆柱形，收口朝下。

❽ 放至吐司盒进入发酵箱醒发。

❾ 发酵至八成取出。

❿ 吐司盒加盖后放至烤箱烘烤，温度为上火 200℃、下火 220℃，烘烤至金黄色。

•小提示•

成型时不要卷得过紧。

杂粮吐司

◎ 原材料

高筋粉 900 克，改良剂 10 克，杂粮粉 200 克，白糖 200 克，鸡蛋 100 克，酵母 15 克，盐 10 克，黄油 100 克，水 600 克，种面 200 克，烫种 150 克，杂粮麦片少许

◎ 必备工具

吐司盒　网架　和面机
白刮板　电子克秤　白毛巾
烤盘　烤箱　擀面杖
发酵箱

•小提示•

成型时不要卷得过紧。

→制作过程

❶ 将高筋粉、全麦粉、酵母、改良剂、白糖倒入和面机先搅匀。
❷ 加牛奶、鸡蛋、和好的种面、烫种等打至成团后至五成左右，加盐打至六成，加黄油打至八成。
❸ 取出放至发酵箱松弛 10~15 分钟。
❹ 将面团分割为每个 150g 的剂子，然后搓圆，松弛 10~15 分钟。
❺ 将面团擀开，然后卷成圆柱形，收口朝下。
❻ 表面沾满杂粮麦片。
❼ 放至吐司盒进入发酵箱醒发。
❽ 发酵至九成后取出，从中间一分为二后放至烤箱，烘烤温度为上火 220℃、下火 200℃，烘烤至上色即可（大约 35 分钟）。

小西点篇

层酥类

葡式蛋挞

•小提示•

1. 皮要擀得薄厚一致，不能出油。
2. 牛奶和糖要烧开，放凉至50℃时加入其余原料拌匀。

◎ 原材料

蛋挞液：纯牛奶 225 克，白砂糖 260 克，蛋黄 8 个，淡奶油 100 克

酥皮：中筋粉 1 000 克，白糖 40 克，盐 10 克，鸡蛋 1 个，水 500 克，黄油 40 克，片状起酥油 600 克

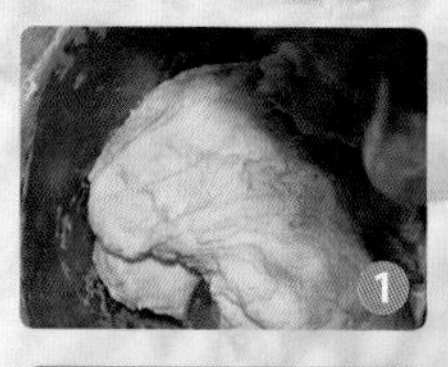

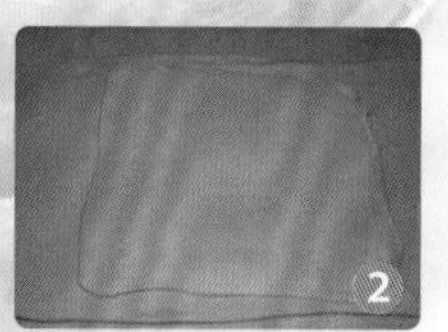

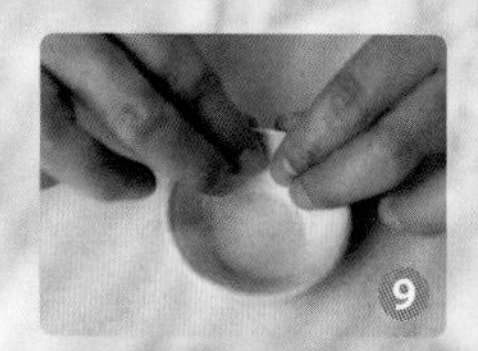

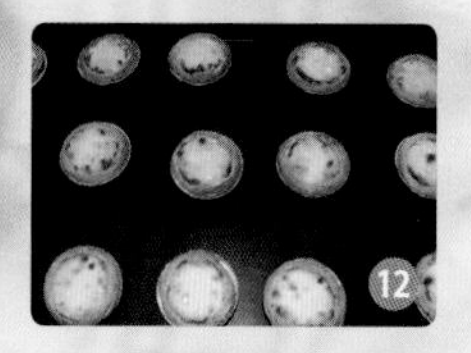

◎ 必备工具

蛋抽	搅拌机	过滤网	蛋挞模
量杯	光级	走棰	盆两个

→ 制作过程

❶ 将糖、面粉、黄油、鸡蛋、盐放入搅拌桶中搅拌成光滑面团。

❷ 将面团擀开至起酥油的两倍大小。

❸ 包起酥油后擀开。

❹ 将两头包不住油的部分裁掉后折叠，折三折。

❺ 同上步，再折一次。

❻ 擀开。

❼ 对折四折。

❽ 成型后擀开，用光级刻成圆形，蛋挞皮厚薄适中，厚度大约为 0.8cm。

❾ 把刻出的圆形放入蛋挞模中，捏得厚薄均匀即可。

❿ 把蛋挞液的原料倒入一个盆里搅匀，蛋挞液过筛后放置在一旁备用。

⓫ 蛋挞液倒入模具八分满，放入烤箱。

⓬ 上火 230℃，下火 220℃，烘烤 25 分钟出炉。

叉烧酥

◎ 原材料

中筋粉 1 000 克，白糖 50 克，鸡蛋 1 个，水 500 克，盐 10 克，黄油 40 克，片状起酥油 500 克，芝麻叉烧馅适量

◎ 必备工具

牙级　搅拌机　小刀　烤箱
烤盘　尺子　刷子　走棰

→ 制作过程

1. 将糖、鸡蛋、水、中筋粉放入搅拌桶中搅拌均匀。
2. 将面团擀开至起酥油的两倍大小。
3. 包起酥油后擀开。
4. 将两头包不住油的部分裁掉后折叠，折三折。
5. 同上步，再折一次。
6. 然后擀开，对折四折。
7. 成型后擀开切成长条状，并刷上蛋液。
8. 放入叉烧馅心。
9. 包好馅心后整形，刷上蛋液并撒上芝麻。
10. 放入烤箱烘烤。温度为上火 210℃、下火 200℃，时间大约 25 分钟。

•小提示•

面团和起酥油软硬要适中。

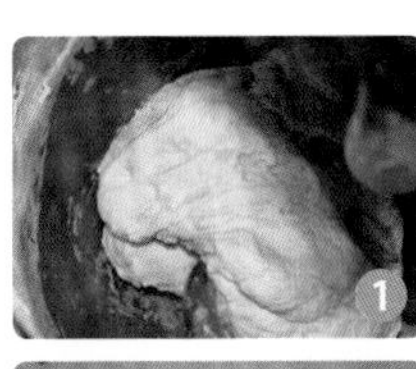
1

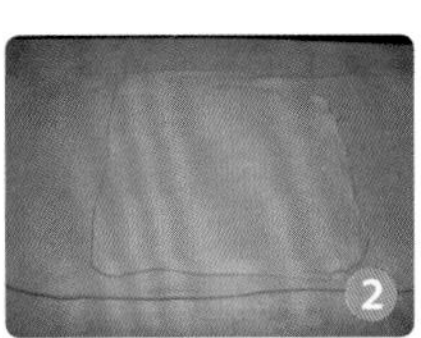
2

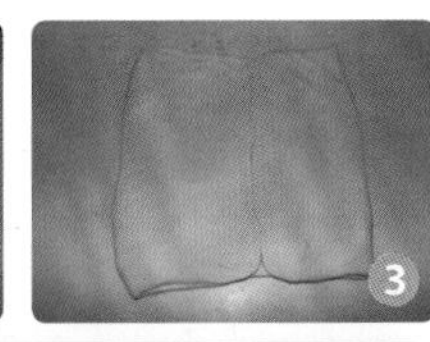
3

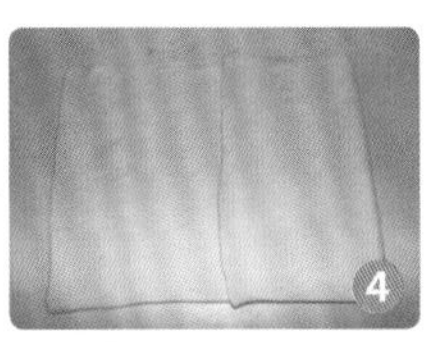
4

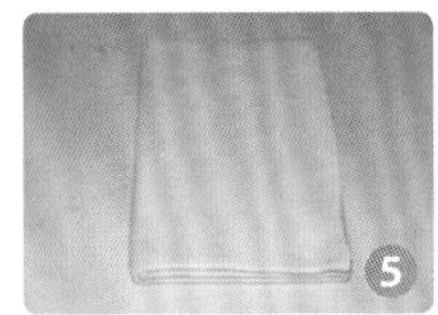
5

6

7

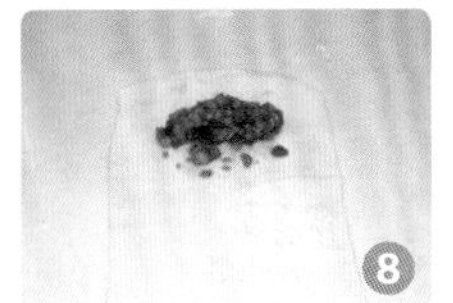
8

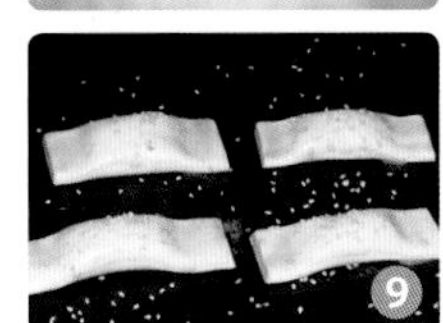
9

10

蝴蝶酥

◎ 原材料

中筋粉 1 000 克，白糖 50 克，鸡蛋 1个，水500克，盐10克，黄油40克，片状起酥油 500 克，白砂糖适量

◎ 必备工具

搅拌机　刷子　烤箱
小刀　烤盘　走棰
尺子

→ 制作过程

1. 将所有原料加入搅拌桶搅拌成面团。
2. 将面团擀开至起酥油的两倍大小。
3. 包起酥油后擀开。
4. 将两头包不住油的部分裁掉后折叠，折三折。
5. 同上步，再折一次。
6. 擀开，然后对折四折。
7. 成型后擀开切成长条状，擀开再对折。
8. 再对折，用保鲜膜包好放入冰箱，冻至软硬适中即可。
9. 切成均匀的薄片，并沾上糖。放入烤箱烘烤。温度为上火 210℃、下火 200℃，时间大约 25 分钟。

•小提示•

1. 擀的时候要快，以免起酥油变得太软，影响层次。
2. 卷的时候要卷紧，以免空心。

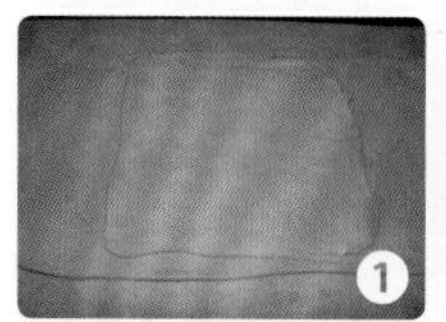
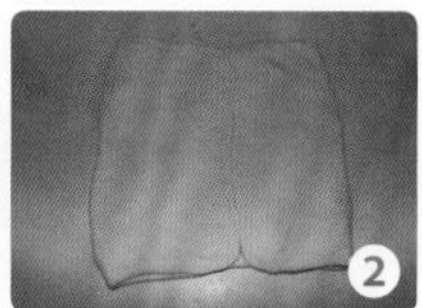
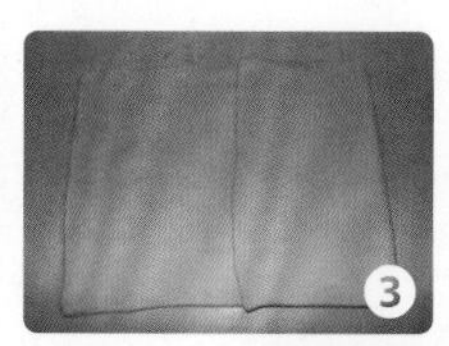

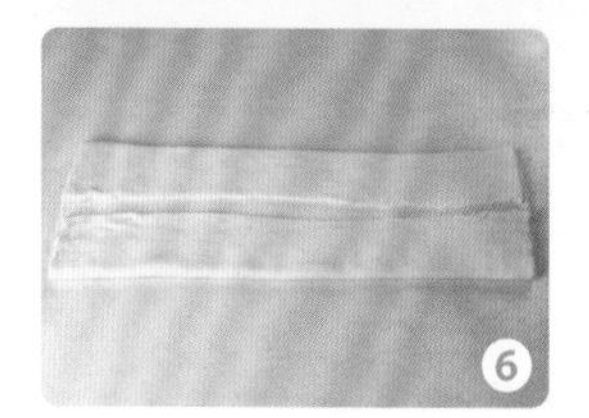
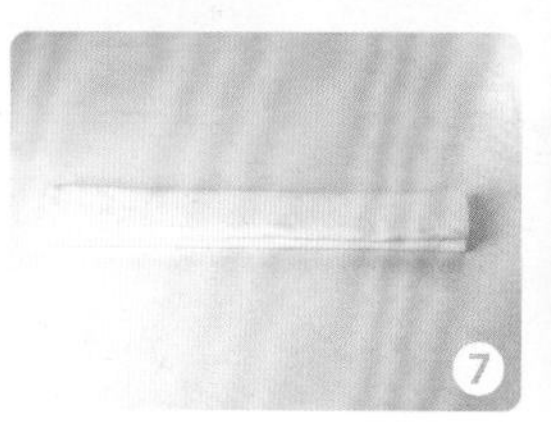

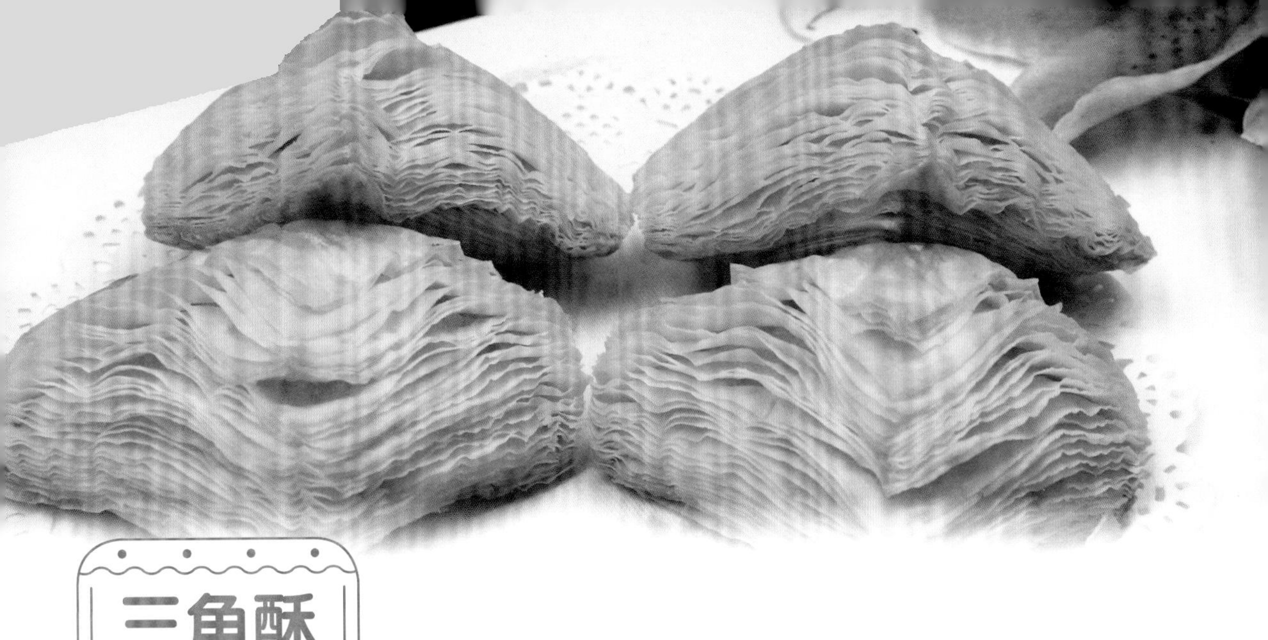

三角酥

◎ 必备工具

搅拌机　烤箱　切面刀

刷子　烤盘　美工刀

尺子

小提示

面团和起酥油软硬要适中。

◎ 原材料

中筋粉 1 000 克，白糖 50 克，鸡蛋 1 个，水 500 克，盐 10 克，黄油 40 克，片状起酥油 500 克，豆沙少许

→ 制作过程

1. 将面团擀开至起酥油的两倍。
2. 面团包起酥油，捏紧捏实。
3. 擀开。
4. 将两头包不住油的部分裁掉后折叠，折三折。
5. 同上步，再折一次。
6. 擀开对折四折。
7. 成型后擀开，切成正方形后包入豆沙。
8. 对折时上面三角形大一些。
9. 在表面刷蛋液后撒上芝麻。
10. 放入烤箱，温度为上火 220℃、下火 180℃，烘烤约 25 分钟后出炉装盘即可。

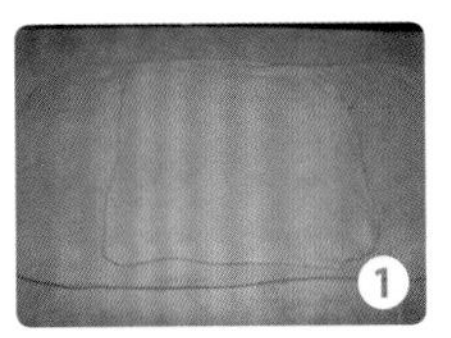
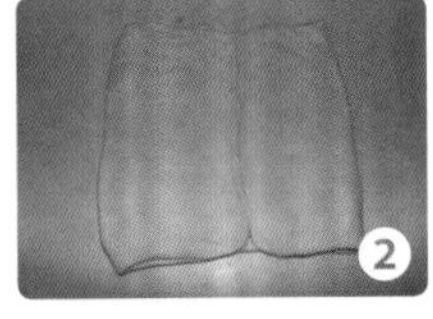
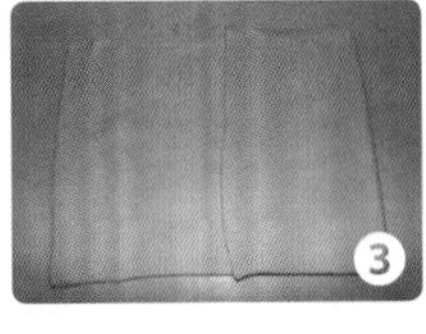
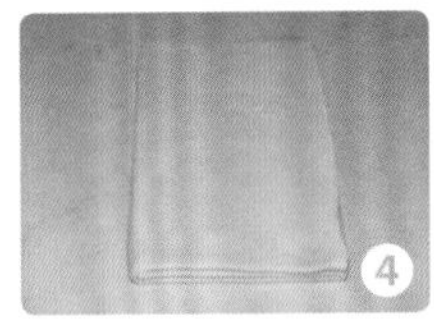
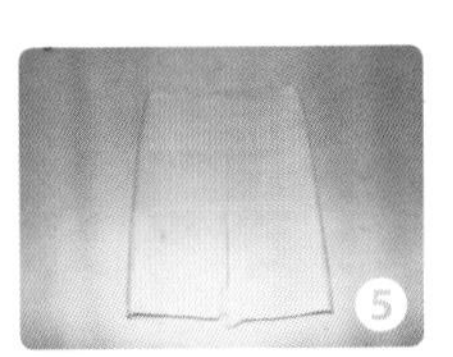
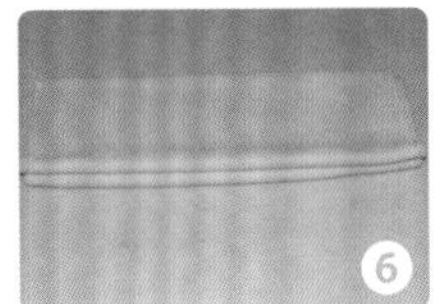
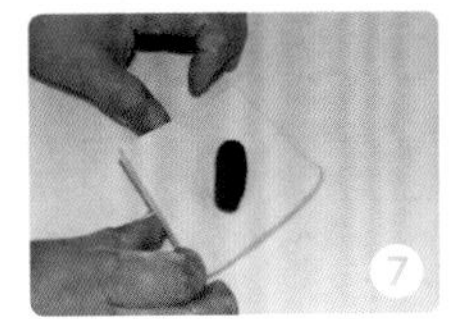

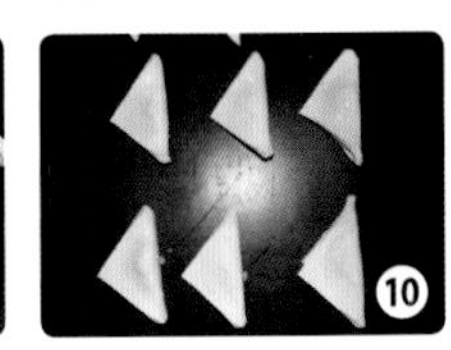

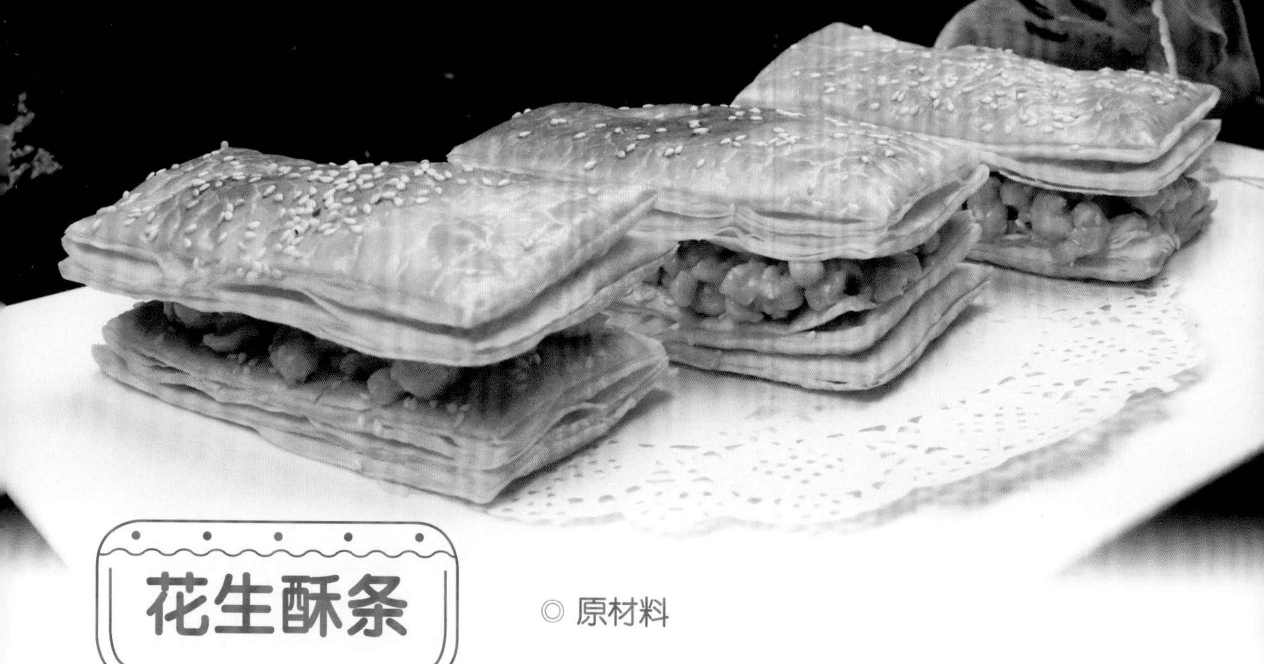

花生酥条

◎ 必备工具

搅拌机	烤箱	牙级
美工刀	烤盘	走棰
尺子	刷子	

•小提示•

奶油在冬天较硬的情况下可以提前软化一下。

◎ 原材料

中筋粉1 000克，白糖50克，鸡蛋1个，水500克，盐10克，黄油40克，片状起酥油500克，花生酱和花生少许

→ 制作过程

1. 将面粉、糖、黄油、鸡蛋、盐、水放入搅拌桶中，搅拌至光滑即可。
2. 将面团擀开至起酥油的两倍大小。
3. 包起酥油后擀开。
4. 将两头包不住油的部分裁掉后折叠，折三折。
5. 同上步，再折一次。
6. 擀开。
7. 对折四折。
8. 成型后擀开，切成长条状，刷上蛋液。
9. 把花生和花生酱拌成馅心。
10. 放入烤箱烘烤，温度为上火210℃、下火200℃，烤制20分钟。烤好后，在两片酥条中夹上花生馅心即可。

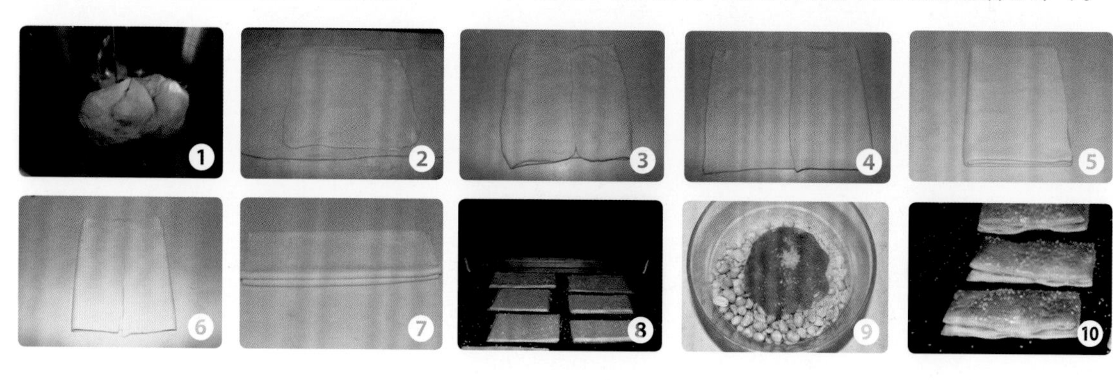

风车酥

◎ 原材料

中筋粉 1 000 克，白糖 50 克，鸡蛋 1 个，水 500 克，盐 10 克，黄油 40 克，片状起酥油 500 克，芝麻、豆沙少许

→ 制作过程

1. 将所有原料加入搅拌桶搅拌成面团，将面团擀开至起酥油的两倍大小。
2. 包起酥油后擀开。
3. 将两头包不住油的部分裁掉。
4. 折叠，折三折。
5. 同上步，再折一次。
6. 擀开对折四折。
7. 成型后擀开，切成正方形后在四角划四刀。
8. 刷蛋液后整形成风车形。
9. 整形后撒上芝麻。
10. 放入烤箱，温度为上火 220℃、下火 180℃，约 20 分钟后出炉装盘，用蓝莓果膏在中间做点缀。

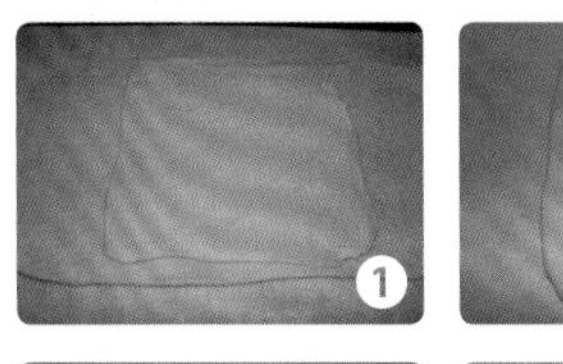

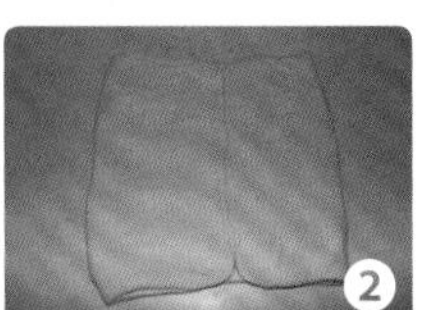

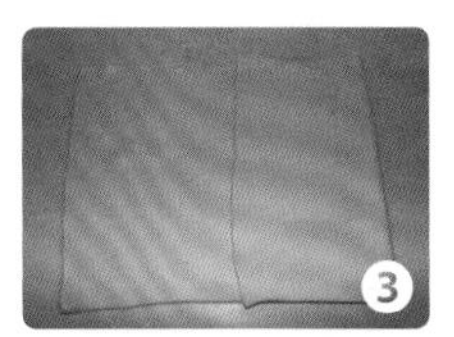

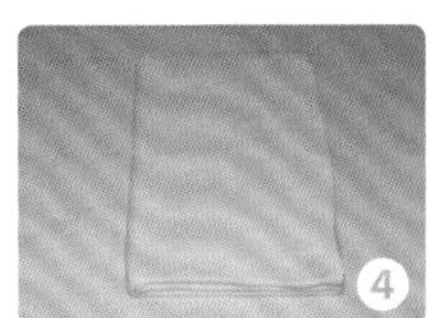

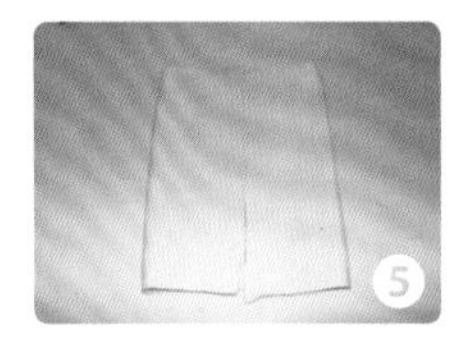

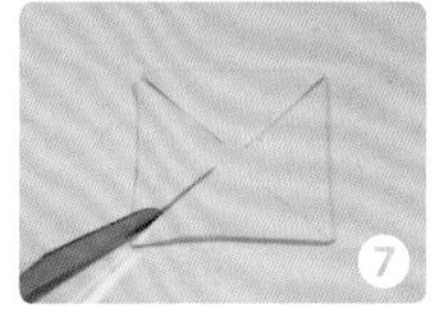

◎ 必备工具

搅拌机　烤箱　走棰　烤盘　美工刀

•小提示•

开酥时面团和片状起酥油的软硬度要掌握好。

老婆饼

◎ 必备工具

电子克秤　白刮板

•小提示•

包馅心时，皮的厚度要一致。

◎ 原材料

中筋粉 500 克，黄油 50 克，水 270 克，鸡蛋 1 个，低筋粉 500 克，黄油 200 克，起酥油 50 克，芝麻、豆沙和蛋黄适量

→ 制作过程

1. 将中筋粉、黄油、水、鸡蛋倒入搅拌桶，搅拌成面团。
2. 水油面团取出醒 10 分钟。
3. 低筋粉、黄油和起酥油搓擦成团。
4. 成团后醒发 10 分钟，然后将水油面包裹住干油面。
5. 用走棰擀开。
6. 从上往下卷起，卷成条状。
7. 把条状面团分割成若干个大小均匀的剂子。
8. 用手将剂子按扁，将馅心包入，整形并刷上蛋液，撒上芝麻。
9. 用刀在老婆饼表面划两道口子。
10. 放入烤盘中烘烤，烘烤温度为上火 190℃、下火 180℃，烤至金黄色时出炉。

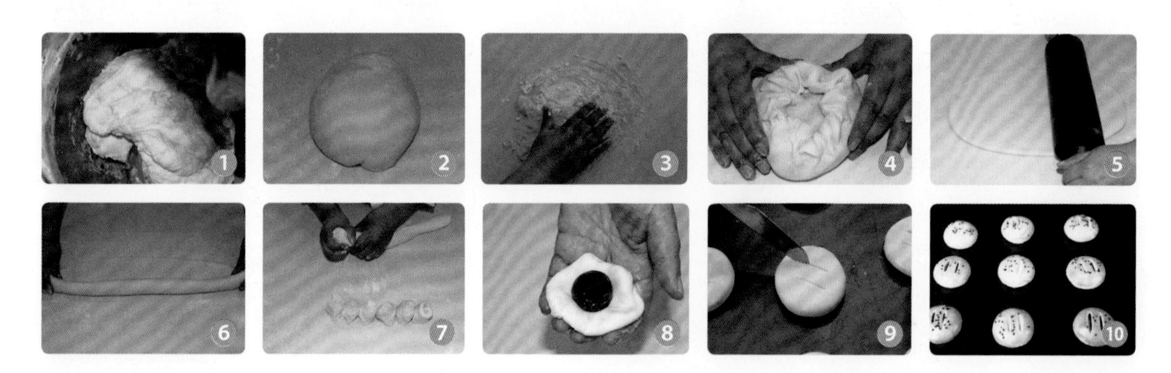

老公饼

◎ 原材料

中筋粉 500 克，黄油 50 克，水 270 克，鸡蛋 1 个，低筋粉 500 克，黄油 200 克，起酥油 50 克，肉松、葱花、色拉油、芝麻适量

→ 制作过程

1. 将中筋粉、黄油、水、鸡蛋倒入搅拌桶，搅拌成水油面团。
2. 成团后取出醒发 10 分钟。
3. 低筋粉、黄油和起酥油搓擦均匀。
4. 擦成干油面团。
5. 将水油面包裹住干油面。
6. 用走棰擀开。
7. 从上往下卷起，卷成条状。
8. 将条状面团分割成若干个大小均匀的剂子。
9. 肉松加色拉油和葱花搅拌均匀做成馅心。
10. 用手将剂子按扁，将馅心包入面饼中，整形后刷上蛋液。
11. 用美工刀在表面划刀口后撒上芝麻，放入烤箱烘烤，温度为上火 190℃、下火 170℃。
12. 烘烤至金黄色时即可。

•小提示•

1. 两种面团软硬度要一致。
2. 剂子一定要均匀。

◎ 必备工具

白刮板　电子克秤　白毛巾　走棰

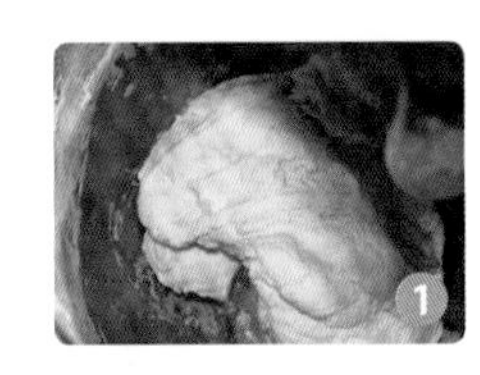

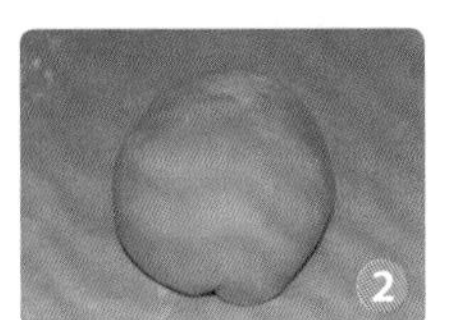

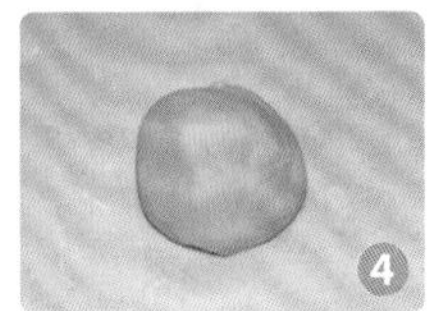

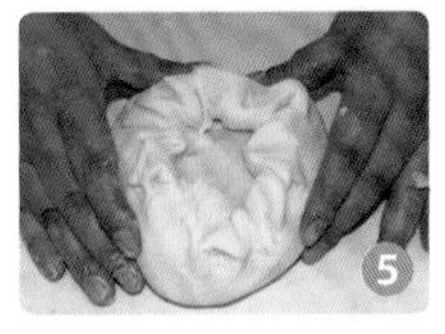

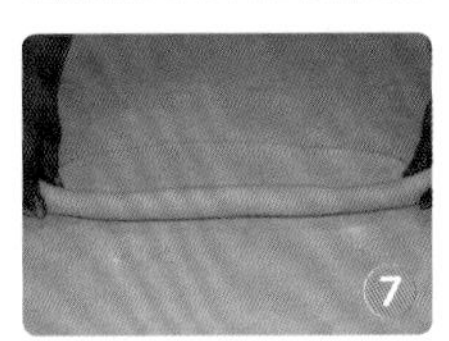

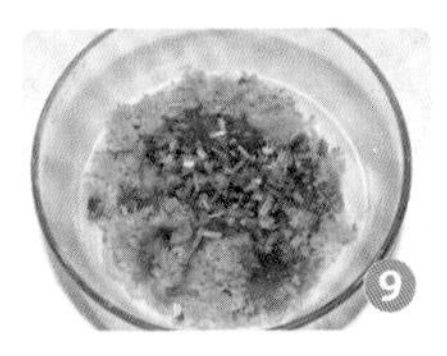

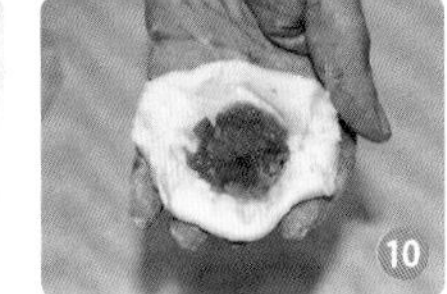

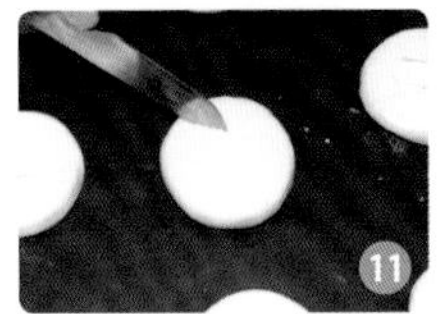

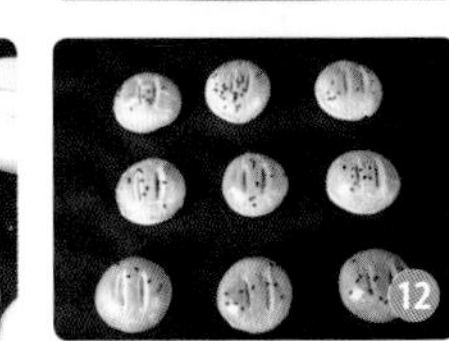

肉松酥

◎ 原材料

中筋粉 500 克，黄油 50 克，水 270 克，鸡蛋 1 个，低筋粉 500 克，黄油 200 克，起酥油 50 克，肉松适量、芝麻适量

◎ 必备工具

搅拌机　烤箱　牙级

烤盘　尺子　走棰

刷子

•小提示•

1. 两种面团软硬度要一致。
2. 剂子一定要均匀。

→ 制作过程

1. 将中筋粉、黄油、水、鸡蛋倒入搅拌桶，搅拌成水油面团。
2. 成团后取出醒发 10 分钟至光滑。
3. 低筋粉、黄油和起酥油搓擦均匀。
4. 做成干油面团。
5. 将水油面包裹住干油面。
6. 用走棰擀开。
7. 从上往下卷起，卷成条状。
8. 将条状面团分割成若干个大小均匀的剂子。
9. 用肉松做成馅心。
10. 用手将剂子按扁，将馅心包入，成型。
11. 刷上蛋液，撒上芝麻。
12. 放入烤箱烘烤。温度为上火 190℃、下火 170℃，烘烤至金黄色即可。

4

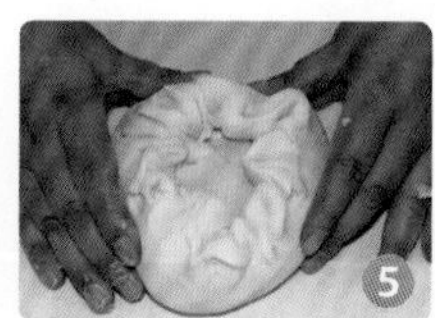
5

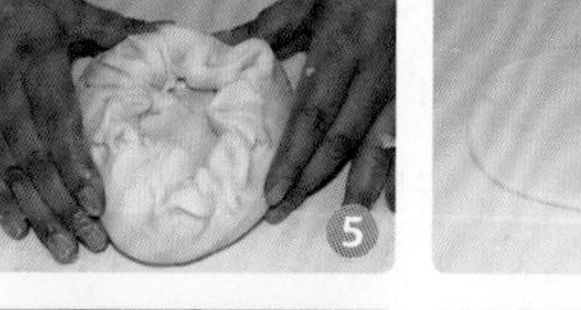

6

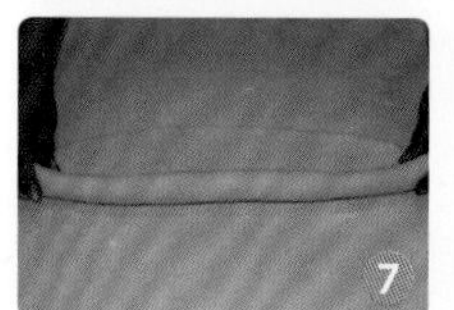
7

8

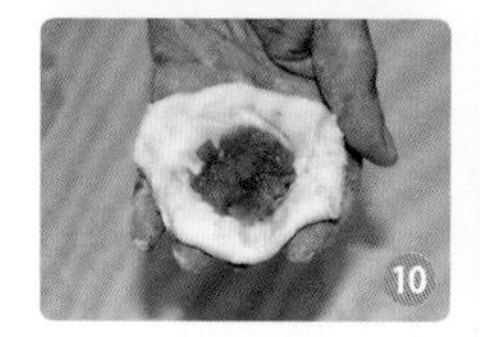
10

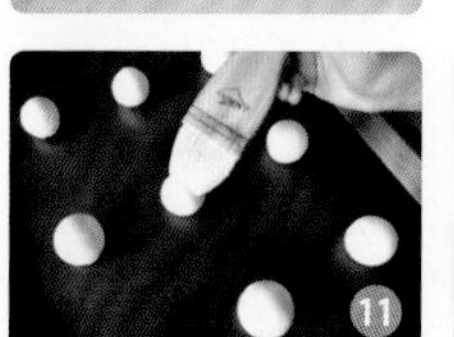
11

12

混酥类

桃酥

◎ 原材料

低筋粉 500 克，糖粉 250 克，色拉油 270 克，鸡蛋 1 个，奶粉 50 克，臭粉 4 克，小苏打 6 克，泡打粉 8 克，芝麻适量

◎ 必备工具

白刮板　蛋抽　电子克秤　烤盘　烤箱

小提示

揉面团时要搓匀，以免面团搓上劲。

→ 制作过程

❶ 将面粉开窝，倒入色拉油、糖粉拌匀；加入鸡蛋、奶粉、臭粉、小苏打、泡打粉拌匀。
❷ 用抄拌的手法将面团揉擦成团。
❸ 搓成长条，均匀下剂。
❹ 将剂子搓圆，按扁。
❺ 用手指在剂子中间按个窝。
❻ 均匀地摆入烤盘后用黑芝麻点缀。
❼ 放入烤箱烘烤，温度为上火 170℃、下火 160℃，约 20 分钟后烤成金黄色，出炉装盘即可。

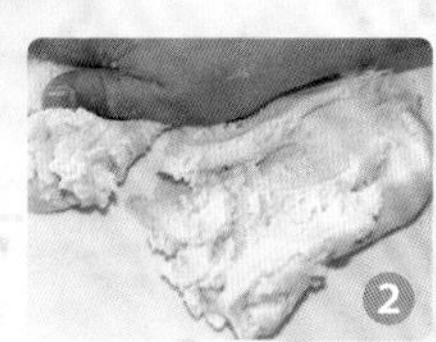

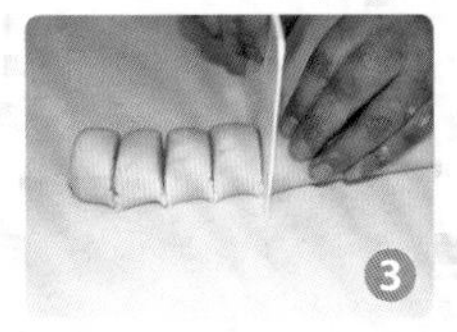

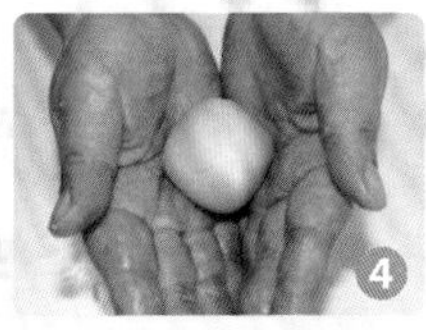

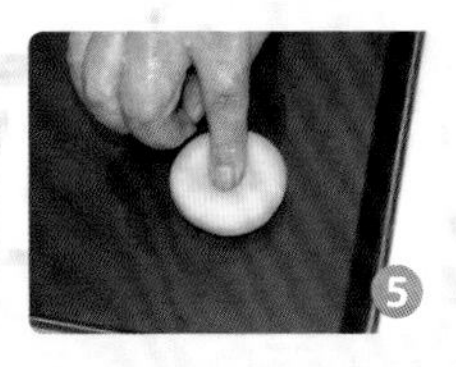

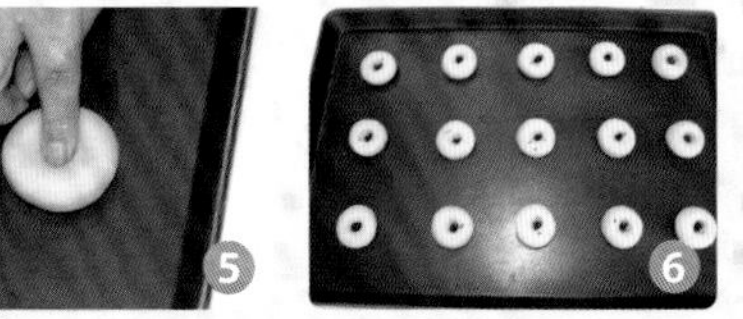

甘露酥

◎ 原材料

黄油 250 克，面粉 500 克，糖粉 200 克，泡打粉 2 克，奶粉 50 克，鸡蛋 1 个，蛋黄和豆沙适量

◎ 必备工具

水滴花嘴　裱花袋　长柄软刮板　剪刀　烤箱　烤盘　鲜奶机

•小提示•

1. 黄油一定要搓发。
2. 剂子一定要均匀。

→ 制作过程

❶ 将黄油和糖粉擦至乳白。

❷ 加入鸡蛋擦均匀。

❸ 加入面粉、奶粉、泡打粉擦均匀。

❹ 搓条下剂。

❺ 把馅心包裹进面团里，搓圆后均匀摆放在烤盘内。

❻ 在表面均匀地刷上蛋液。

❼ 放入烤箱烘烤，温度为上火 190℃、下火 140℃，烘烤至金黄色即可。

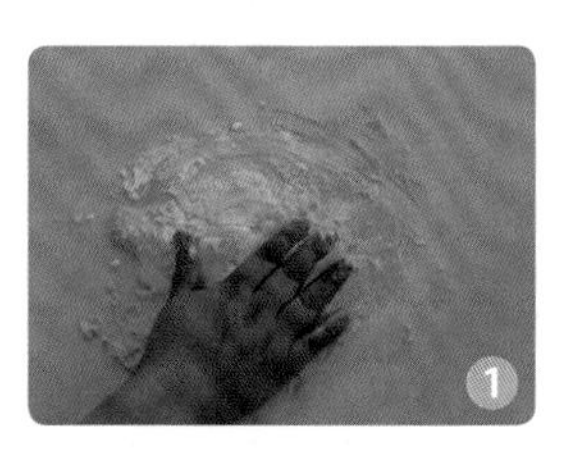

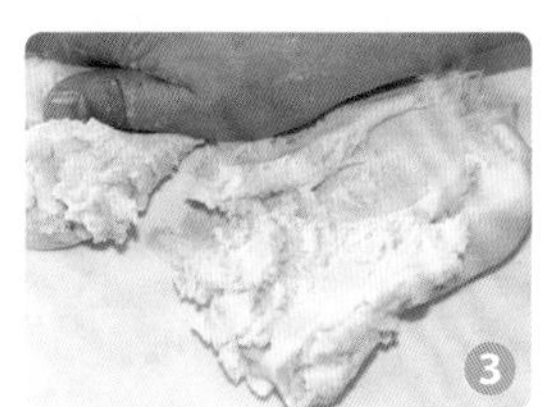

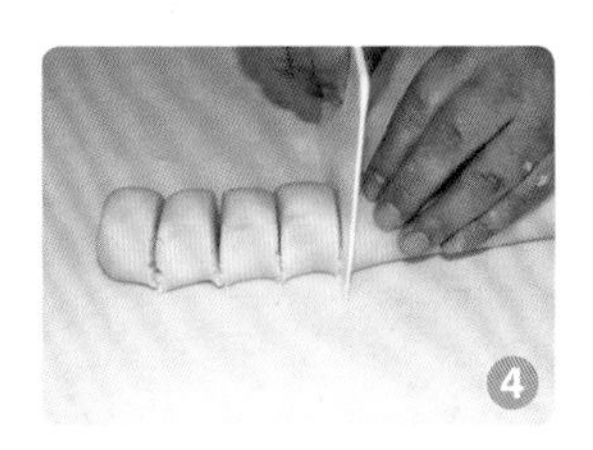

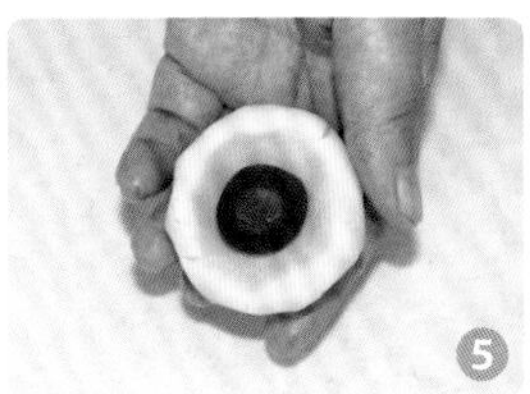

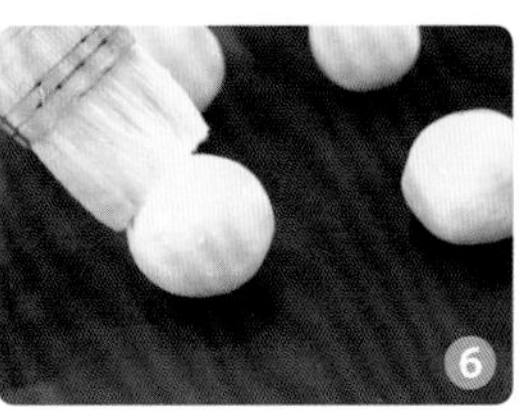

少林寺素饼

◎ 原材料

黄油 250 克，糖粉 165 克，椰蓉 50 克，奶粉 30 克，小苏打 5 克，高筋粉 165 克，低筋粉 330 克，鸡蛋 1 个

◎ 必备工具

白刮板　羊毛刷　烤箱　烤盘

→ 制作过程

1. 将黄油、糖粉擦匀。
2. 加入面粉、苏打、奶粉、椰蓉擦至均匀成团。
3. 搓条下剂。
4. 揉成大小均匀的圆面团，放入烤盘。
5. 刷上蛋黄液，放入烤箱，温度为上火 180℃、下火 160℃。
6. 烤制成金黄色出炉即可。

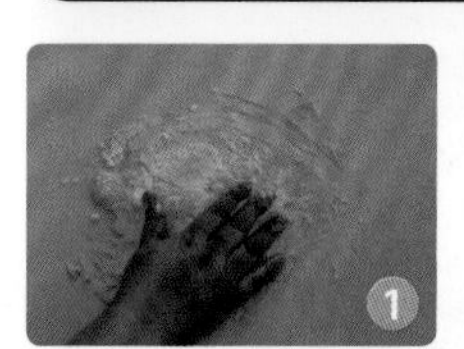

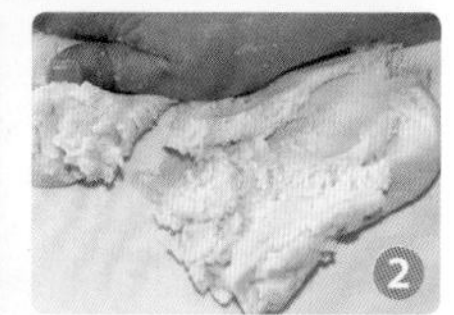

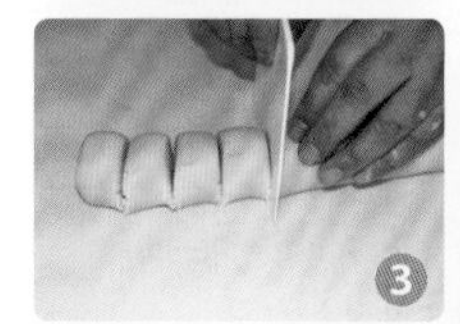

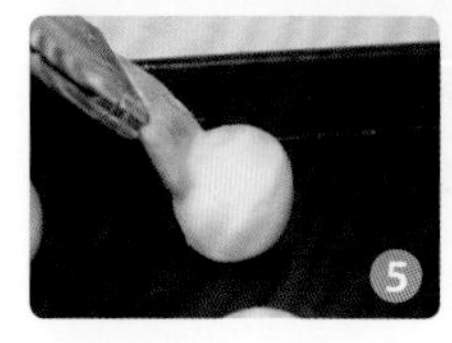

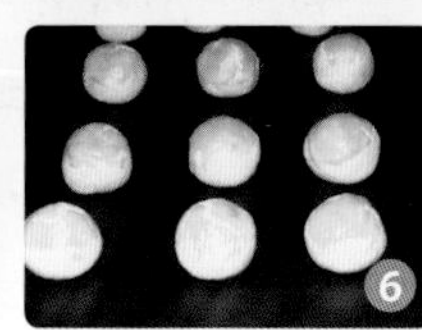

小提示

1. 黄油一定要搓发。
2. 剂子一定要均匀。

奶油曲奇

◎ 原材料

黄油 500 克，糖粉 250 克，盐 2 克，鸡蛋 3 个，低筋粉 700 克，奶粉 50 克

•小提示•

奶油在冬天较硬的情况下要提前软化。

◎ 必备工具

水滴花嘴　裱花袋　长柄软刮板　剪刀

烤盘　烤箱　鲜奶机　蛋抽

→ 制作过程

1. 把黄油、糖粉、盐混合在一起充分搅拌。
2. 快速搅拌成乳白色。
3. 加入鸡蛋搅拌均匀。
4. 加入低筋粉搅拌均匀。
5. 用裱花嘴在烤盘中挤成圆形。
6. 以上火 170℃、下火 150℃烘烤 25 分钟，烤至金黄色后出炉。

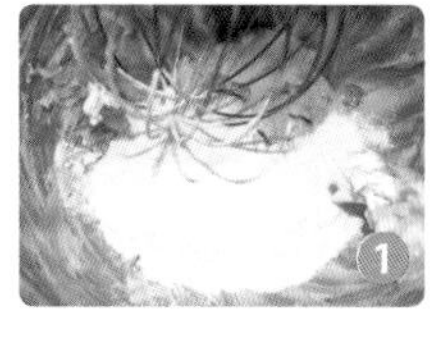

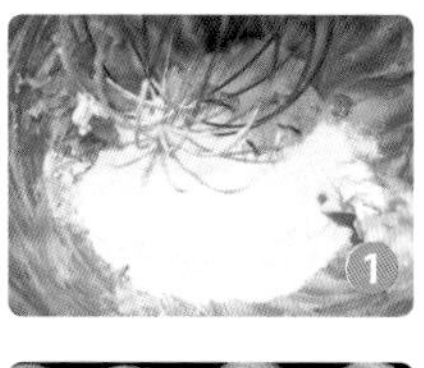

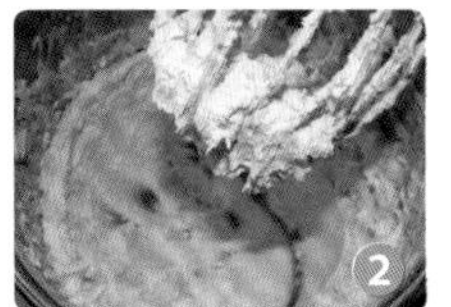

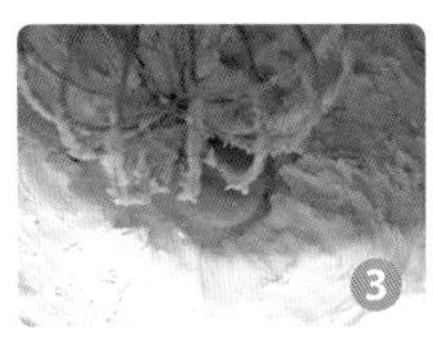

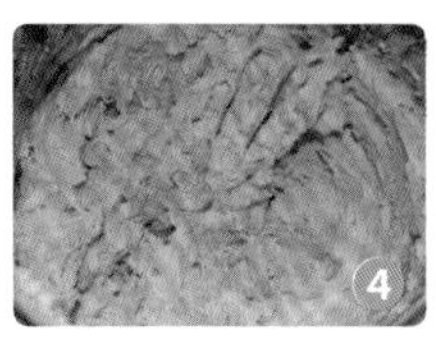

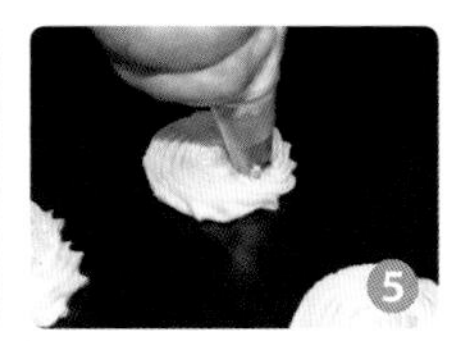

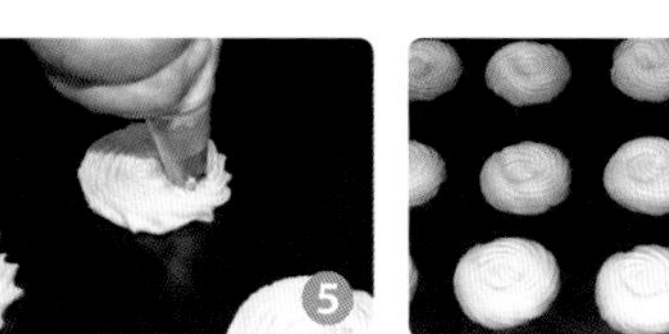

抹茶曲奇

◎ 原材料

黄油 500 克，糖粉 250 克，盐 2 克， 鸡蛋 3 个，低筋粉 700 克，奶粉 50 克，抹茶粉 40 克

·小提示·

奶油在冬天较硬的情况下要提前软化。

◎ 必备工具

水滴花嘴　裱花袋　长柄软刮板　剪刀

烤盘　烤箱　鲜奶机

→ 制作过程

❶ 把黄油、糖粉、盐混合在一起充分搅拌。

❷ 快速搅拌成乳白色。

❸ 加入鸡蛋搅匀。

❹ 加入低筋粉和抹茶粉搅拌均匀。

❺ 用裱花嘴在烤盘中挤成“S”形。

❻ 以上火 170℃、下火 150℃的温度烘烤 25 分钟后出炉。

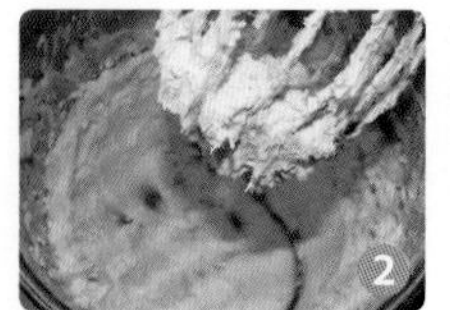

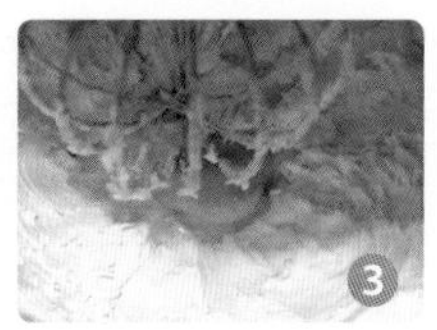

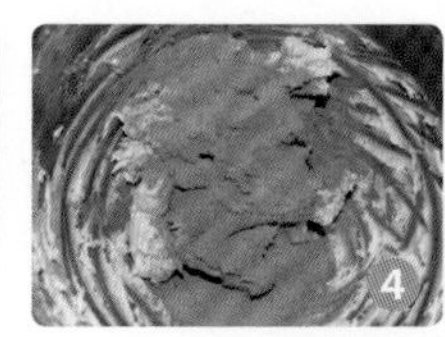

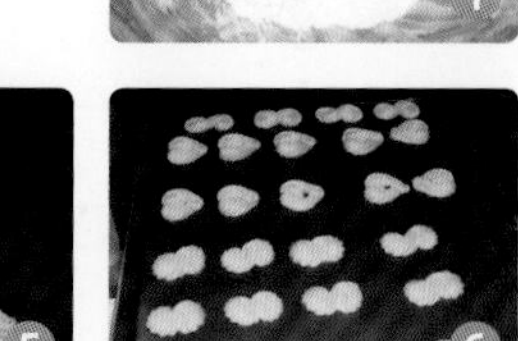

葱油曲奇

◎ 原材料

黄油 500，糖粉 200，鸡蛋 3 个，低筋粉 700 克，奶粉 50 克，盐 5 克，葱花适量

◎ 必备工具

水滴花嘴　裱花袋　剪刀
烤盘　烤箱　鲜奶机
长柄软刮板

→ 制作过程

1. 把黄油、糖粉、盐混合在一起充分搅拌。
2. 快速搅拌成乳白色。
3. 加入鸡蛋搅匀。
4. 加入低筋粉和葱花搅拌均匀。
5. 用裱花嘴在烤盘中挤成条状。
6. 以上火 170℃、下火 150℃的温度烘烤 25 分钟，烤至金黄色后出炉。

小提示

奶油在冬天较硬的情况下要提前软化。

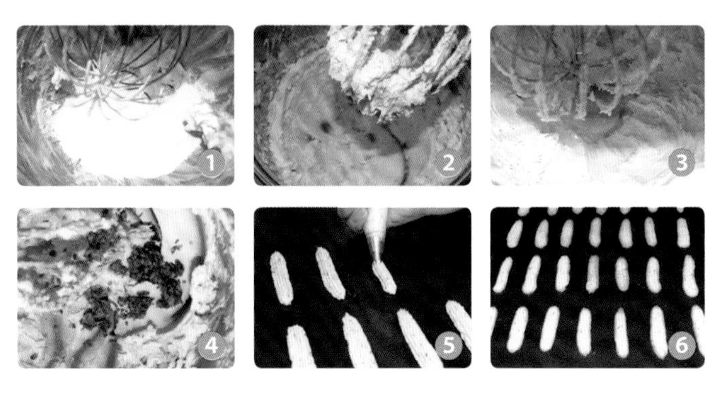

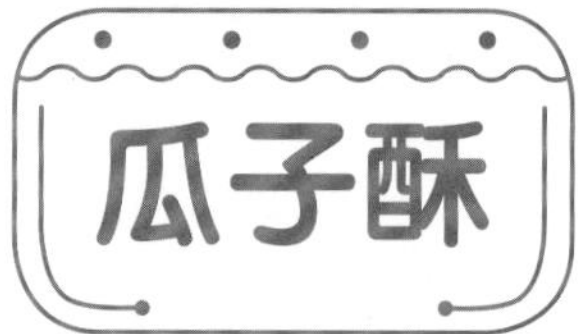

瓜子酥

◎ 原材料

低筋粉 250 克，糖粉 250 克，鸡蛋 250 克，蛋糕油 25 克，奶粉 25 克，瓜子仁适量

◎ 必备工具

毛巾　裱花袋　长柄软刮　剪刀

小提示

制品大小要一致。

→ 制作过程

❶ 在搅拌桶中加入鸡蛋和糖，将糖搅拌至融化即可。

❷ 加入面粉、蛋糕油、奶粉慢速搅匀。

❸ 改为快速搅拌，直至湿性发泡。

❹ 继续快速搅拌至干性发泡，呈鸡尾状。

❺ 装入裱花袋后挤成圆饼，注意圆饼要大小一致、间距一样。

❻ 在表面均匀地撒上瓜子仁。

❼ 放入烤箱烘烤，温度为上火 180℃、下火 160℃，烤至金黄色即可。

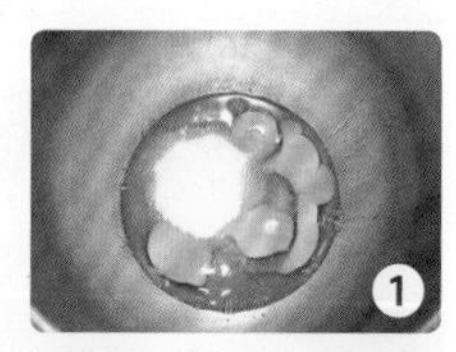

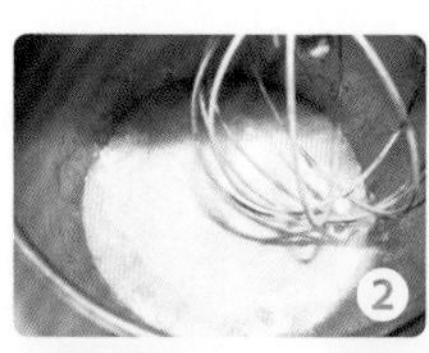

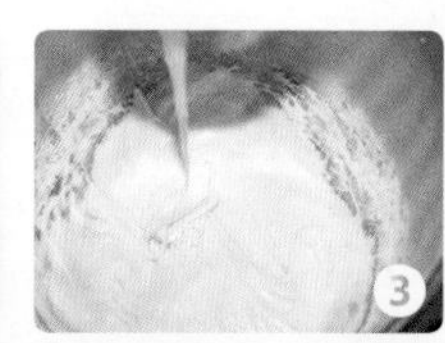

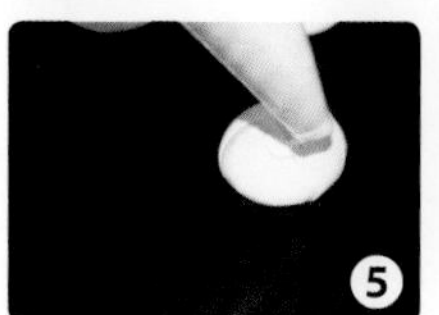

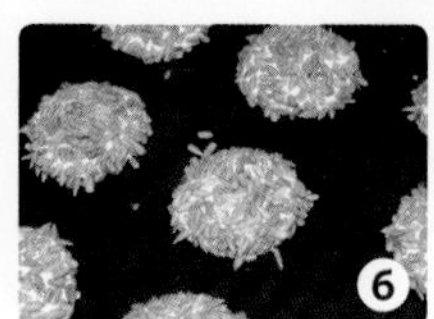

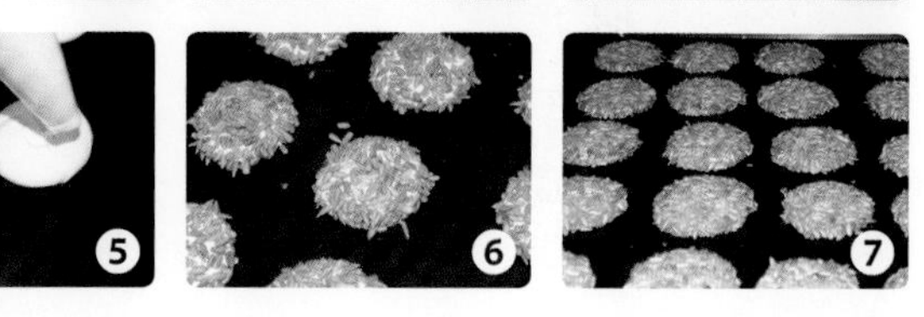

芝麻薄饼

◎ 原材料

低筋粉 550 克，糖粉 450 克，水 500 克，白芝麻适量

◎ 必备工具

搅拌机　烤箱　烤盘　刷子

裱花袋　毛巾　量杯

→ 制作过程

❶ 水和糖粉、液态酥油搅匀。

❷ 加入低筋粉和芝麻搅匀。

❸ 搅拌成浓稠状。

❹ 装入裱花袋，在烤盘上挤出薄片状。

❺ 注意大小、间隔一致。

❻ 以上火 160℃、下火 170℃的温度烘烤至金黄色。

•小提示•

1. 瓜子仁要提前烤至半熟。
2. 成品要大小一致。

瓦片酥

◎ 原材料

低筋粉550克，糖粉450克，水500克，液态酥油450克，杏仁片适量

◎ 必备工具

毛巾　裱花袋　长柄软刮板

烤箱　烤盘　剪刀

小提示

1. 杏仁要提前烤至半熟。
2. 圆饼要大小一致。

→ 制作过程

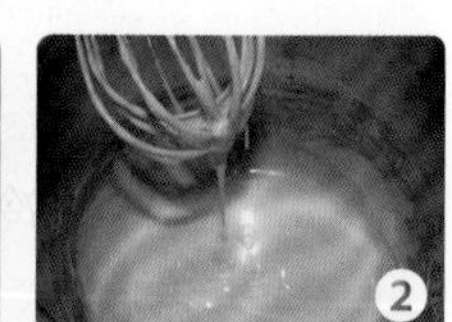

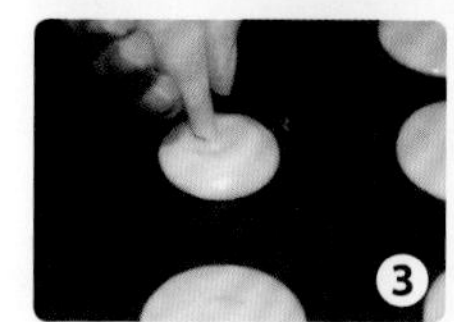

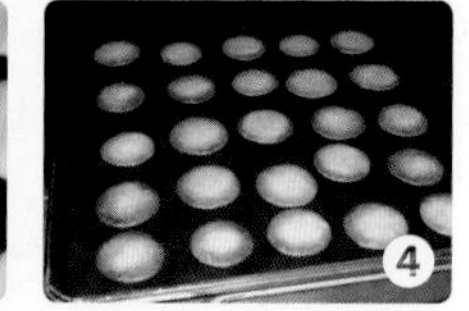

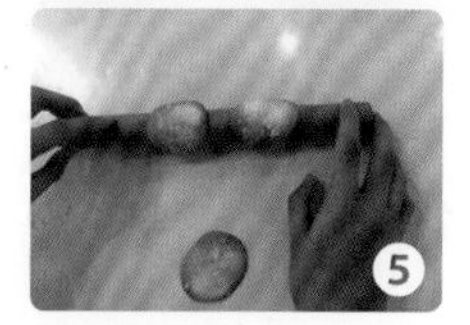

❶ 将所有原料（杏仁片提前烤至半熟后碾碎呈小颗粒状）全部放入搅拌桶搅匀。

❷ 把所有原料搅拌均匀。

❸ 装入裱花袋后在烤盘上挤出大小均匀的圆饼，注意大小一致、间距一样。

❹ 放入烤箱烘烤，温度为上火180℃、下火160℃，烤至金黄色。

❺ 刚出炉的瓦片酥是软的，应趁热放在擀面杖上定型。

慕斯类

◎ 原材料

马斯卡邦尼奶酪 125 克、糖粉 25 克、牛奶 35 克、蛋黄 2 个、淡奶油 65 克、吉利丁片 3 克

◎ 必备工具

耐高温刮刀　不锈钢盆　玻璃碗　电磁炉

•小提示•

糖粉可用细砂糖代替。

→ 制作过程

1. 将马斯卡邦尼奶酪和糖粉放入玻璃碗中隔热水搅匀。
2. 搅至表面光滑。
3. 加入牛奶搅匀。
4. 加入蛋黄搅匀，加热。
5. 关闭电磁炉，冷却，将淡奶油搅拌至湿性发泡。
6. 吉利丁片放入冷水中泡软后，加入拌匀。
7. 将慕斯糊装杯，放入 −18℃冷冻室内冷冻 20 分钟。
8. 将冷冻好的慕斯糊用巧克力豆点缀装饰即可。

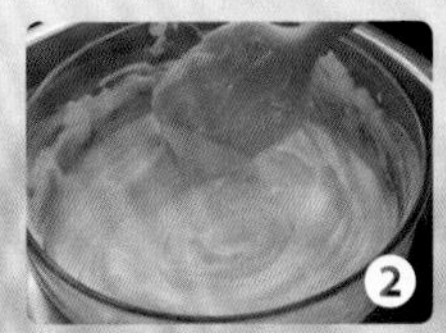

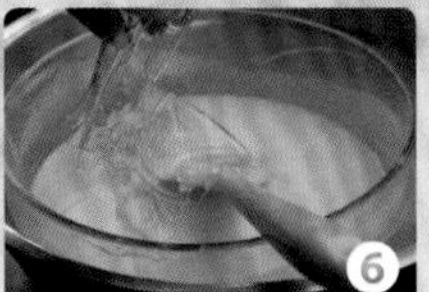

提拉米苏

◎ 原材料

马斯卡邦尼奶酪 250 克，糖粉 50 克，牛奶 75 克，蛋黄 4 个，吉利丁片 6 克，淡奶油 3 克，奥利奥饼干碎、手指饼、咖啡酒少许

◎ 必备工具

耐高温刮刀　不锈钢盆　玻璃碗　电磁炉

小提示

咖啡酒可用意式浓缩咖啡与白兰地混合后代替。

→ 制作过程

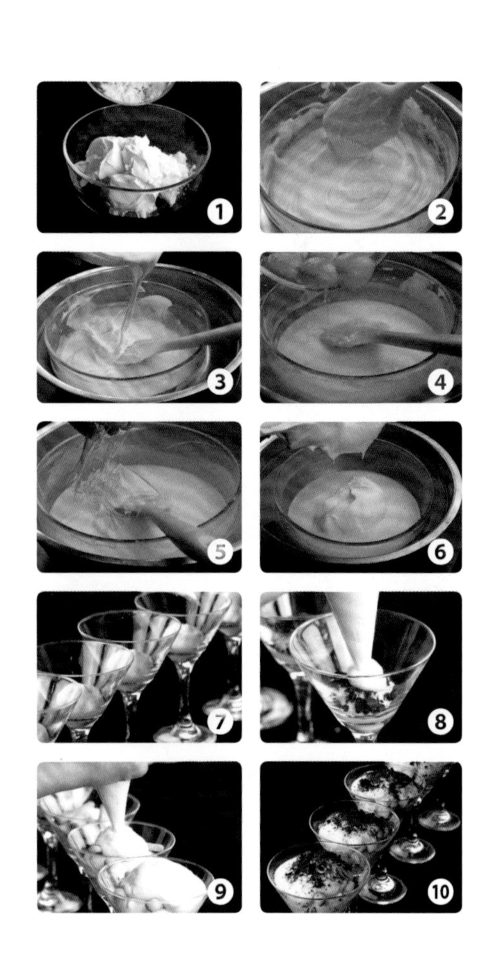

❶ 将马斯卡邦尼奶酪和糖粉放入玻璃中碗隔水加热。

❷ 搅拌至完全融合，呈细腻光滑状。

❸ 加入牛奶搅匀。

❹ 加入蛋黄加热搅拌均匀。

❺ 将吉利丁片放入冷水中泡软，加入搅拌均匀。

❻ 将淡奶油打发至湿性发泡，加入搅拌均匀。

❼ 将 1/3 提拉米苏糊装入杯中。

❽ 放入奥利奥饼干碎，再填入 1/3 提拉米糊。

❾ 加入沾有咖啡酒的手指饼干，再填上提拉米苏糊，放入 -18℃冷冻室内冷冻 20 分钟。

❿ 将冷冻过后的提拉米苏取出，用奥利奥饼干碎装饰即可。

酸奶慕斯

◎ 原材料

奶油乳酪 80 克，酸奶 60 克，白糖 12 克，吉利丁片 2 克，乳脂奶油 100 克

◎ 必备工具

耐高温刮刀　不锈钢盆

电磁炉　玻璃碗

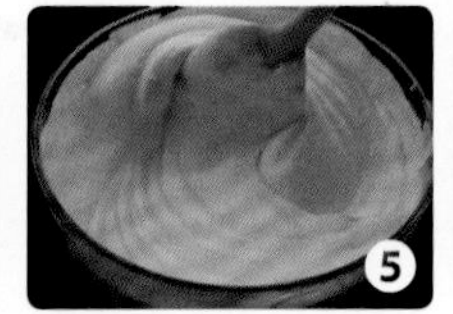

小提示

若选用原味酸奶，制作出的酸奶慕斯口感会更好。

→ 制作过程

1. 将奶油乳酪和酸奶放入玻璃碗中隔水加热，搅拌均匀。
2. 加入白糖搅拌至溶化。
3. 将吉利丁片泡软，加入搅拌均匀。
4. 乳脂奶油搅拌至湿性发泡，加入搅拌盆。
5. 将玻璃碗从热水中取出，加乳脂奶油拌匀。
6. 装杯八成满，放入 −18℃冷冻室中冷冻 20 分钟。
7. 将冷冻好的酸奶慕斯表面挤上乳脂奶油装饰。
8. 用水果、巧克力、西点插排点缀装饰。

巧克力香蕉慕斯

◎ 原材料

香蕉 50 克、奶油乳酪 70 克、黑巧克力 50 克、白糖 15 克、吉利丁片 2 片、乳脂奶油 90 克

◎ 必备工具

耐高温刮刀　不锈钢盆　玻璃碗　电磁炉

•小提示•

加入乳脂奶油搅拌时，慕斯糊的温度不宜过高。

→制作过程

1. 将香蕉捣成泥待用。
2. 将奶油乳酪和巧克力放入玻璃碗中隔热水搅拌均匀。
3. 加入白糖搅拌溶化。
4. 吉利丁片用冰水泡软，加入拌匀。
5. 再加入香蕉泥拌匀。
6. 乳脂奶油搅拌至湿性发泡，加入手工搅拌盆。
7. 将玻璃碗从热水中取出，把乳脂奶油拌匀。
8. 装杯八成满，放入 -18℃冷冻室中冷冻 20 分钟。
9. 将冷冻好的巧克力香蕉慕斯表面挤上乳脂奶油装饰，再把水果放在乳脂奶油上点缀。

蓝莓慕斯

◎ 原材料

奶油乳酪 260 克，牛奶 100 克，白糖 70 克，蓝莓果馅 180 克，乳脂奶油 360 克，白兰地 10 克，吉利丁片 6 片

◎ 淋面原料

蓝莓果馅 100 克，纯净水 280 克，吉利丁片 2 片

◎ 必备工具

正方形慕斯圈（8寸）　喷火枪　牛角刀　手动搅拌器　不锈钢盘

•小提示•

喷火枪加热慕斯框边缘，只需要加热至慕斯框可以脱离慕斯体即可，切勿加热过度。

→ 制作过程

❶ 将牛奶、奶油乳酪、白糖加热至白糖溶化。
❷ 乳脂奶油搅拌至湿性发泡，加入拌匀。
❸ 加入白兰地拌匀。
❹ 加入蓝莓果馅拌匀备用。
❺ 在慕斯框底部放入一块同等大小的戚风蛋糕片。
❻ 将吉利丁片用冷水泡软，隔热水溶化，加入慕斯糊内拌匀。
❼ 将慕斯糊装入裱花袋，挤入慕斯框 1/3。
❽ 在慕斯框中间部位加上一片略小的戚风蛋糕。
❾ 填上慕斯糊，至填满。
❿ 将表面抹平，放入 -18℃的冷冻室冷冻 30 分钟。
⓫ 取适量蓝莓果馅，加入适量的纯净水加热。
⓬ 将吉利丁片用冷水泡软，加入热水融化。
⓭ 将调好的蓝莓淋面倒入冷冻好的慕斯上，放入冰箱冷藏 10 分钟。
⓮ 取出冷藏好的慕斯，用喷火枪加热慕斯框边缘，使之脱离慕斯体。
⓯ 将慕斯分成四等份。
⓰ 摆上巧克力插件、黄桃、猕猴桃、红樱桃装饰。
⓱ 水果表面涂上镜面果胶。
⓲ 用小西点插排装饰。

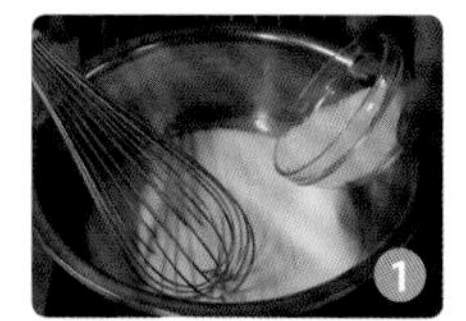
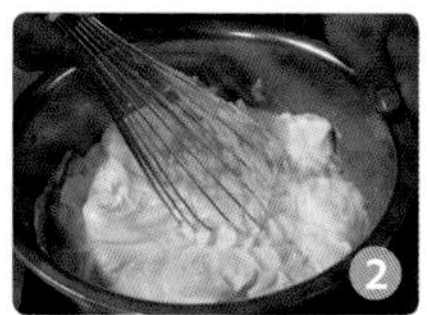
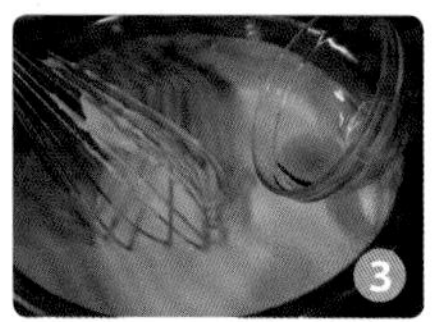
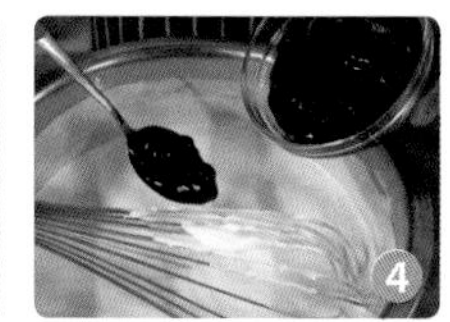

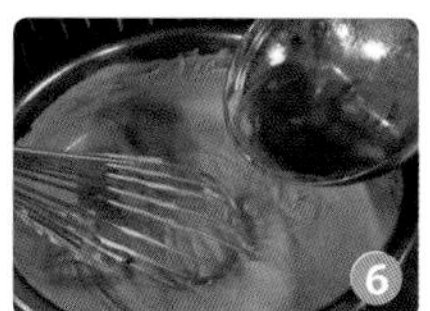

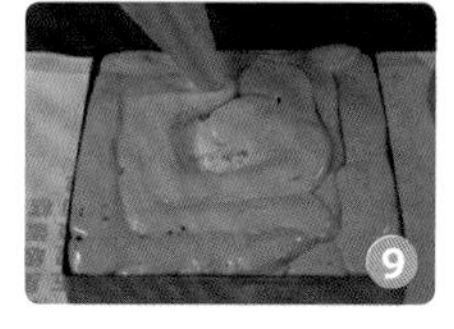
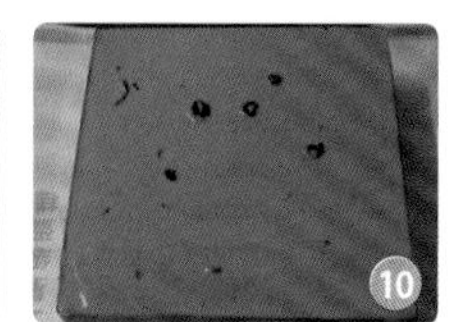

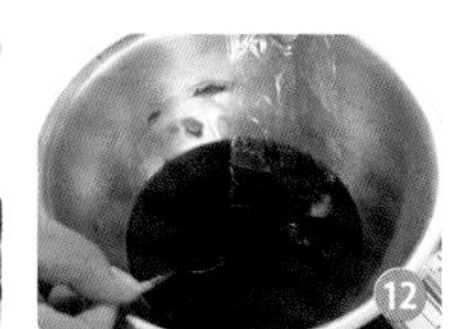

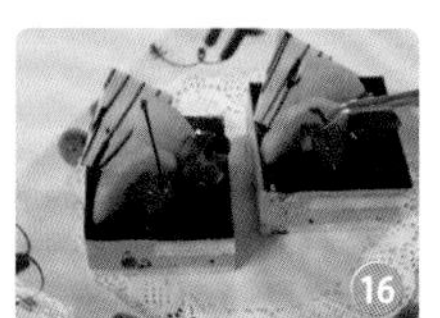
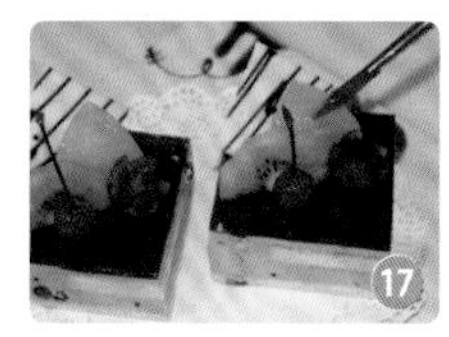

三色慕斯

◎ 原材料

奶油乳酪 350 克、牛奶 120 克、芒果果蓉 100 克、蓝莓果蓉 100 克、树莓果蓉 100 克、白糖 180 克、乳脂奶油 540 克、君度酒 30 克

◎ 淋面原料

草莓果馅 100 克、纯净水 280 克、吉利丁片 2 片

◎ 必备工具

椭圆形慕斯圈（6 寸） 电磁炉 喷火枪

手动搅拌器 不锈钢盘 玻璃碗 抹刀

小提示

喷火枪加热慕斯框边缘，只需要加热至慕斯框可以脱离慕斯体即可，切勿加热过度。

→ 制作过程

❶ 在椭圆形慕斯圈底部放入一块戚风蛋糕片备用。
❷ 奶油乳酪隔水软化，搅拌至无颗粒。
❸ 加入牛奶搅拌均匀。
❹ 加入君度酒搅拌均匀。
❺ 蓝莓果蓉加入白糖 60 克，加热至白糖融化。
❻ 将树莓果蓉、芒果果蓉和加了白糖的蓝莓果蓉摆在一起备用。
❼ 乳脂奶油打至湿性发泡。
❽ 把吉利丁片用冷水泡软，隔热水融化。
❾ 把融化后的吉利丁水加入果蓉中搅匀。
❿ 把搅拌好的奶油乳酪加入果蓉搅拌均匀。
⓫ 加入打发的乳脂奶油。
⓬ 把慕斯糊加入融化好的吉利丁，搅匀。
⓭ 把蓝莓慕斯糊均匀地填入慕斯圈底部。
⓮ 把调制好的芒果慕斯糊挤入第二层。
⓯ 最后一层加入调制好的树莓果蓉，用抹刀抹匀。
⓰ 把制作好的慕斯摆放整齐，放入冰箱。
⓱ 在草莓果馅中加入纯净水。
⓲ 把融化好的吉利丁片加入草莓果馅后搅拌均匀。
⓳ 取出冷藏好的慕斯，淋上草莓果馅再冷藏，冷藏好后取出用喷火枪加热慕斯圈边缘，使之脱离慕斯体。
⓴ 摆上巧克力插件、黄桃、猕猴桃、火龙果、樱桃果馅装饰。
㉑ 放上薄荷叶做点缀，再在水果表面涂上镜面果胶。
㉒ 用小西点插排装饰。

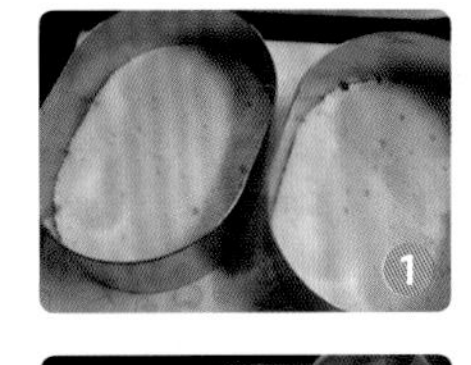

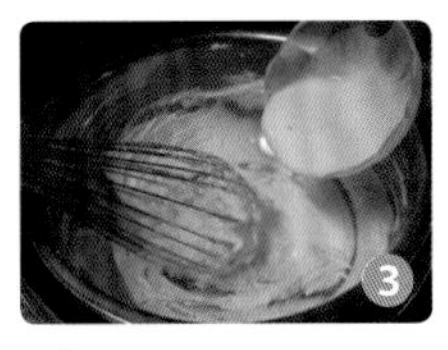
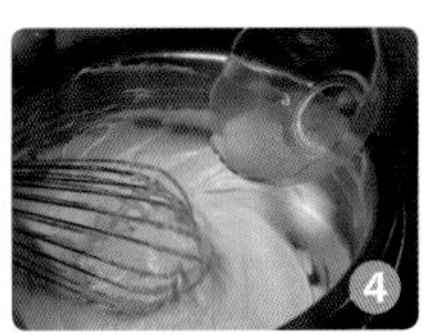
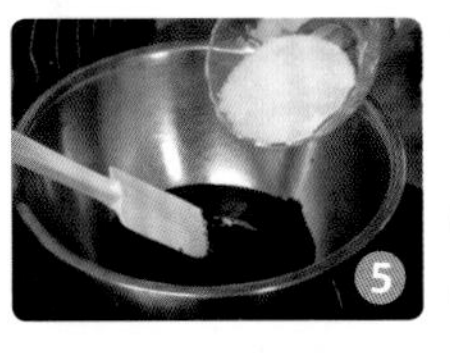

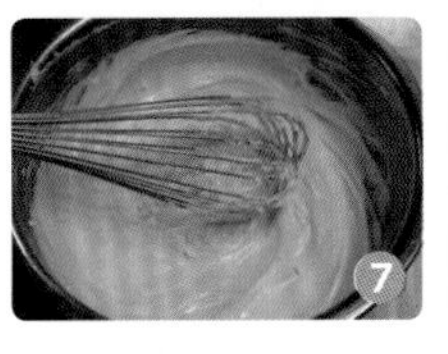

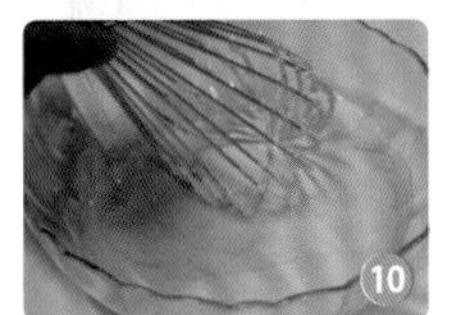
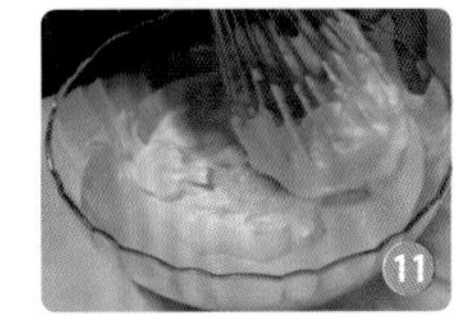

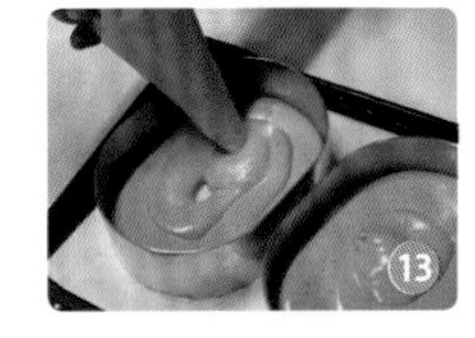
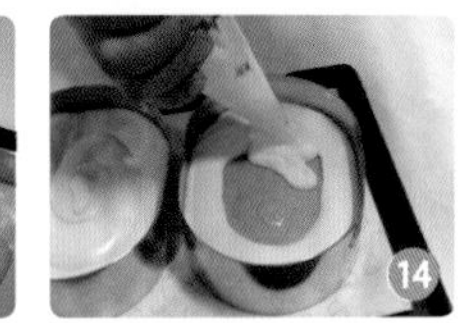
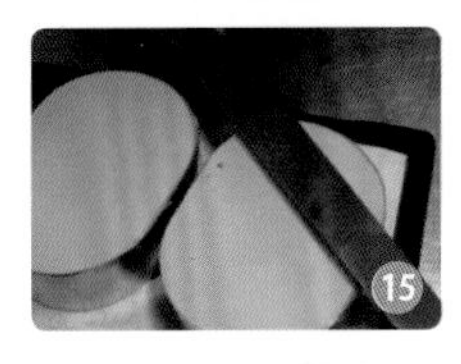
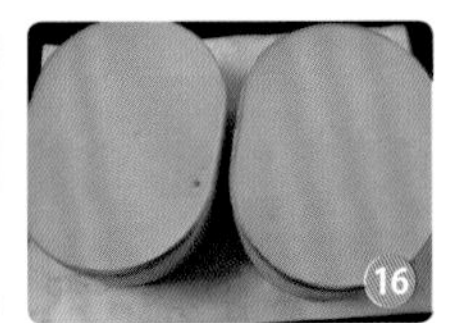

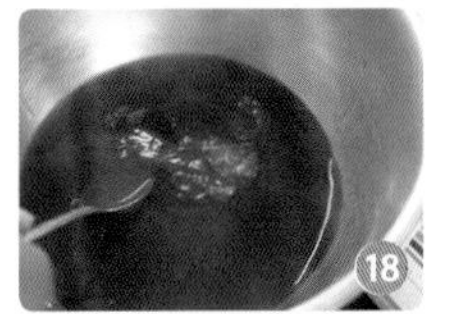

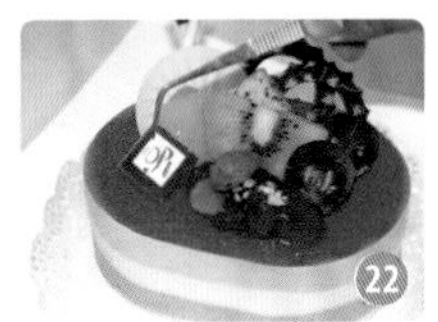

泡芙、挞派类

◎ 原材料

水 500 克，黄油 250 克，盐 5 克，鸡蛋 8 个，低筋粉 250 克，鲜奶油适量

◎ 必备工具

电磁炉　蛋抽　不锈钢盆　鲜奶机　水滴花嘴　剪刀　裱花袋

小提示

水加油一定要烧开。

→ 制作过程

1. 将称量好的水和油放入锅中加热。
2. 水和油烧开搅匀。
3. 加入称量好的面粉快速搅拌均匀。
4. 拌好的面糊倒入鲜奶机中慢速搅拌，降温后分次加入鸡蛋。
5. 鸡蛋全部加完后搅拌面糊至有黏性。
6. 将面糊装入带有圆锯齿花嘴的裱花袋中，挤入烤盘。挤时注意间距、大小一致。
7. 送入上火 210℃、下火 190℃的烤箱烘烤 20 多分钟，至表皮呈金黄色。
8. 待凉后从底部挤入奶油即可。

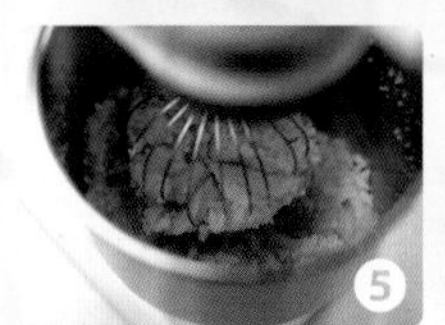

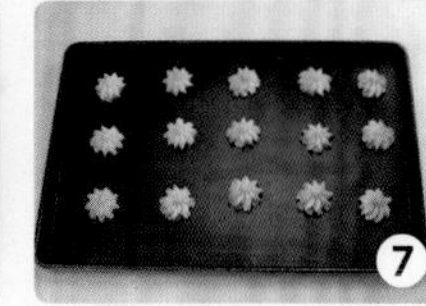

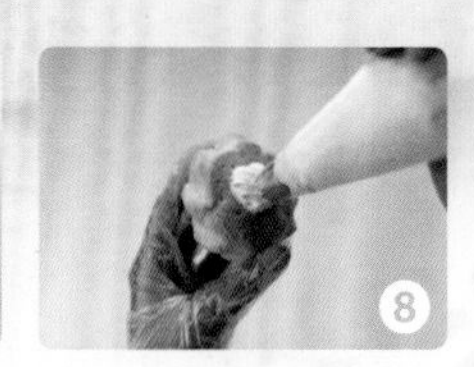

巧克力泡芙

◎ 原材料

水 500 克，黄油 250 克，盐 5 克，鸡蛋 8 个，低筋粉 250 克，白巧克力，彩针，鲜奶油适量

•小提示•

注意融化巧克力的温度。

◎ 必备工具

电磁炉	蛋抽	不锈钢盆	鲜奶机
水滴花嘴	剪刀	裱花袋	玻璃纸

→ 制作过程

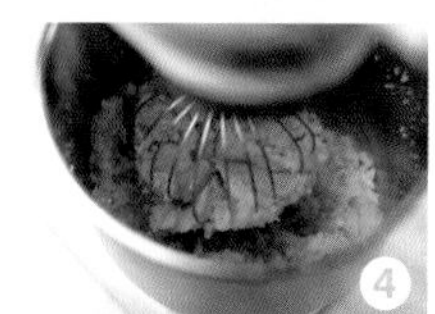
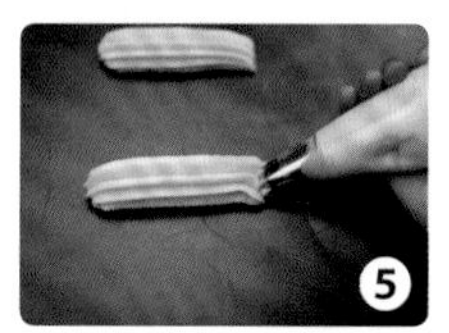

1. 将称量好的水和油放入锅中加热，水和油烧开搅匀。
2. 加入称量好的面粉快速搅拌均匀。
3. 拌好的面糊倒入鲜奶机中慢速搅拌，降温后分次加入鸡蛋。
4. 鸡蛋全部加完后搅拌面糊至有黏性。
5. 将面糊装入带有圆锯齿花嘴的裱花袋中，挤入烤盘。挤时注意间距、大小一致。
6. 送入上火 210℃、下火 190℃的烤箱烘烤约 20 分钟，至表皮呈金黄色即可。待凉后从底部挤入奶油。
7. 黑巧克力隔水加热后，在泡芙的正面沾上巧克力。
8. 白色巧克力隔水融化后装入卷好的玻璃纸，用拉丝的方法在沾满巧克力的泡芙上装饰。

水果泡芙

◎ 原材料

水500克，黄油250克，盐5克，鸡蛋8个，低筋粉250克，鲜奶油适量

◎ 必备工具

电磁炉　蛋抽　不锈钢盆　鲜奶机　水滴花嘴　剪刀　裱花袋　水果刀

•小提示•

注意烘烤温度和时间。

→制作过程

❶ 将称量好的油和水放入锅中加热。

❷ 加入称量好的面粉快速搅拌均匀。

❸ 拌好的面糊倒入鲜奶机中慢速搅拌，降温后分次加入鸡蛋。

❹ 鸡蛋全部加完后搅拌面糊至有黏性。

❺ 将面糊装入带有圆锯齿花嘴的裱花袋中，挤入烤盘。挤时注意间距、大小一致。送入上火210℃、下火190℃的烤箱烘烤20多分钟，至表皮金黄色。

❻ 用锯齿刀将泡芙从中间锯开1/3。

❼ 从锯开口处挤入已打发好的奶油。

❽ 用切好的水果装饰。

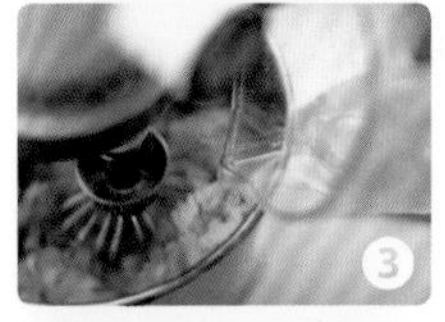

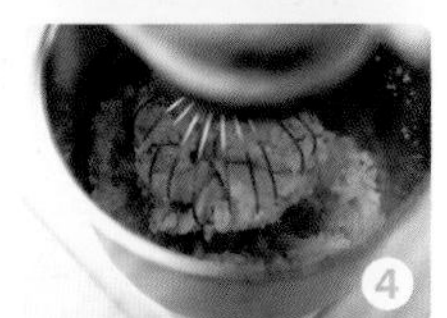

蓝莓派

◎ 原材料

派皮：黄油 120 克，糖粉 50 克，鸡蛋 1 个，泡打粉 2 克，奶粉 30 克，低筋粉 200 克

挞芯：淡奶油，蓝莓果酱，蓝莓

→ 制作过程

1. 将已称好的黄油和糖粉拌匀后搓至微发。
2. 分次加入鸡蛋拌匀，再加入面粉拌匀成团。
3. 取一小块面用手拍薄。
4. 用擀面杖擀出薄厚均匀的圆片，并放入派模。
5. 捏好，用牙签在捏好的派皮底部戳洞帮助排气，派皮烘烤至成熟。
6. 用打发好的淡奶油加入蓝莓果酱搅拌均匀，并装入裱花袋中。
7. 将调好的蓝莓馅挤入已烤制成熟的派皮中，并把表面抹平。
8. 上面用蓝莓装饰。

◎ 必备工具

搅拌机　派模　玻璃纸
白刮板　毛巾　牙签
擀面杖　碗　勺子
量杯

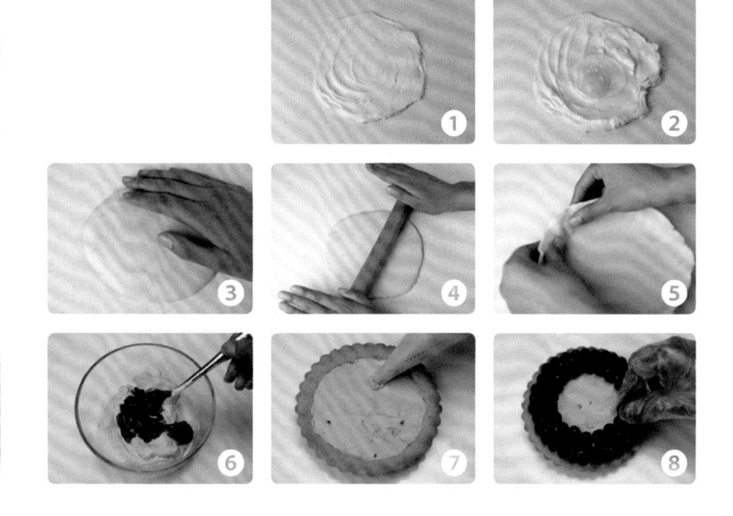

•小提示•

注意掌握好派皮烘烤的温度和时间。

苹果派

◎ 原材料

派皮：黄油 120 克，糖粉 50 克，鸡蛋 1 个，泡打粉 2 克，奶粉 30 克，低筋粉 200 克

挞芯：麦芽糖适量，苹果 2 个

◎ 必备工具

搅拌机　派模　玻璃纸

白刮板　毛巾　牙签

擀面杖　碗　勺子

量杯

•小提示•

注意粉料要过筛。

→ 制作过程

1. 将已称好的黄油和糖粉拌匀后搓至微发。
2. 分次加入鸡蛋拌匀，再加入面粉拌匀成团。
3. 取一小块面用手拍薄。
4. 用擀面杖擀出薄厚均匀的圆片。
5. 放入派模，注意派皮高于派模。
6. 将切好的苹果与麦芽糖拌匀。
7. 将苹果馅放入已捏好的派皮中。
8. 放入已预热的上火为 200℃、下火为 200℃的烤箱中，烘烤至金黄色后装饰。

草莓派

◎ 原材料

派皮：黄油 120 克，糖粉 50 克，鸡蛋 1 个，泡打粉 2 克，奶粉 30 克，低筋粉 200 克

挞芯：草莓，速溶吉士粉，牛奶

•小提示•

注意冬季和夏季黄油的搅打程度。

◎ 必备工具

搅拌机　派模　白刮板　擀面杖

玻璃纸　毛巾　牙签　碗

勺子　量杯

→ 制作过程

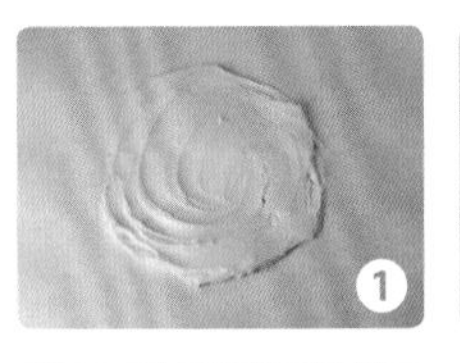

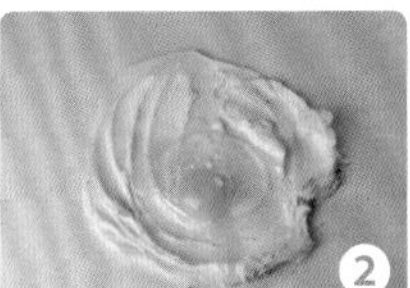

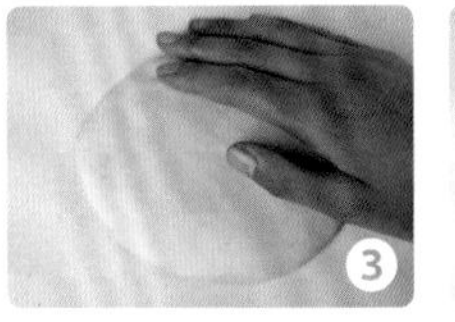

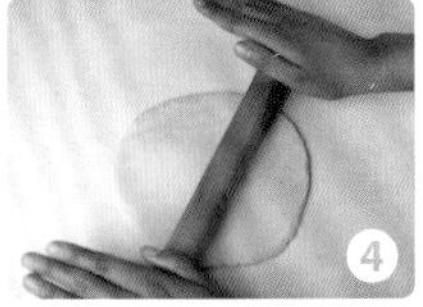

1. 将已称好的黄油和糖粉拌匀后搓至微发。
2. 分次加入鸡蛋拌匀，再加入面粉拌匀成团。
3. 取一小块面用手拍薄。
4. 用擀面杖擀出薄厚均匀的圆片，并放入派模，捏好即可。
5. 用牙签在捏好的派皮底部戳洞帮助排气，把派皮烤熟。
6. 将调好的挞芯挤入已烤制成熟的派皮中。
7. 挤时注意不要挤得太多，并抹平表面。
8. 摆上草莓装饰。

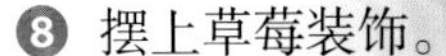

水果挞

◎ 原材料

派皮：黄油120克，糖粉50克，鸡蛋1个，泡打粉2克，奶粉30克，低筋粉200克

挞芯：鲜奶油，水果

•小提示•

摆水果时注意色彩的搭配与摆放。

◎ 必备工具

挞模　鲜奶机　长柄软刮板　白刮板

牙签　水果刀　裱花袋　剪刀

→制作过程

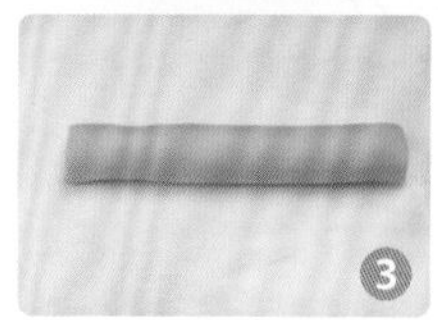

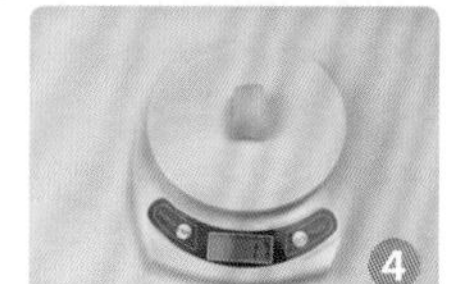

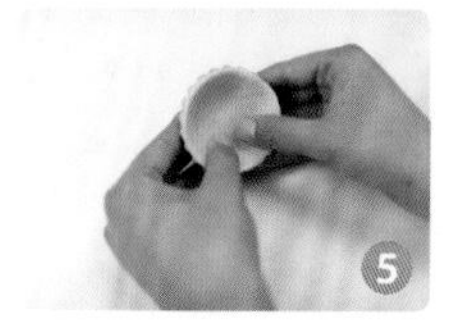

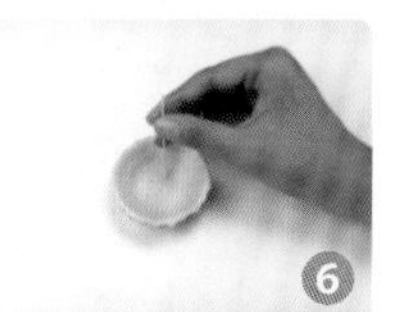

1. 将称量好的黄油、糖粉打发后，加入鸡蛋搅匀，再加入面粉拌匀即可。
2. 打好的面团。
3. 将面团搓成粗细均匀的条。
4. 将搓好的条分割成17克一个的小剂子。
5. 捏入挞模。捏时注意薄厚一致，挞皮要高于挞模。
6. 用牙签在挞皮底部戳孔帮助排气，把挞皮烘烤成熟。
7. 将打发好的奶油挤入已烤制成熟的挞皮中。
8. 用切好的水果、薄荷叶装饰。

椰子挞

◎ 原材料

派皮：黄油 120 克，糖粉 50 克，鸡蛋 1 个，泡打粉 2 克，奶粉 30 克，低筋粉 200 克

挞芯：鸡蛋 5 个，糖 233 克，黄油 133 克，色拉油 533 克，椰蓉 283 克

◎ 必备工具

烤箱　挞模　鲜奶机
电磁炉　白刮板　牙签
蛋抽　裱花袋　剪刀
不锈钢碗　长柄软刮板

•小提示•

调制椰蓉馅时，鸡蛋和糖化开后再与其余的原料拌匀，椰蓉最后加入。

→ 制作过程

1. 将称量好的黄油、糖粉打发后加入鸡蛋拌匀，再加入面粉拌匀。
2. 将面团搓成粗细均匀的条。
3. 将搓好的条分割成 17 克一个的小剂子。
4. 捏入挞模。捏时注意薄厚一致，挞皮要高于挞模。
5. 用牙签在挞皮底部戳孔帮助排气。放入温度为上火 170℃、下火 150℃的烤箱烘烤成熟。
6. 调制椰蓉馅：将鸡蛋、白糖拌匀。
7. 加入色拉油和融化的黄油拌匀，最后加入椰蓉拌匀。
8. 将拌好的椰蓉馅装入裱花袋中，挤入已捏好的挞皮中，烘烤至成熟。

核桃挞

◎ 原材料

派皮： 黄油 120 克，糖粉 50 克，鸡蛋 1 个，泡打粉 2 克，奶粉 30 克，低筋粉 200 克

挞芯： 核桃 250 克，黑巧克力 300 克，白巧克力 100 克

◎ 必备工具

烤箱	挞模	鲜奶机
勺子	白刮板	牙签
菜刀	裱花袋	剪刀
电磁炉	不锈钢碗	长柄软刮板

•小提示•

1. 注意熬制巧克力时的温度控制。
2. 核桃仁烤熟后切成大块。

→ 制作过程

❶ 将称量好的黄油、糖粉打发后，加入鸡蛋搅匀，再加入面粉拌匀。

❷ 将面团搓成粗细均匀的条。

❸ 将搓好的条分割成 17 克一个的小剂子。

❹ 捏入挞模。捏时注意薄厚一致，挞皮要高于挞模。

❺ 用牙签在挞皮底部戳孔帮助排气，把挞皮烘烤成熟。

❻ 将切碎后的黑巧克力隔水融化。

❼ 待黑巧克力完全融化后加入碎核桃仁拌匀。

❽ 将拌匀的核桃仁放入已烤熟的挞皮中，并用白巧克力装饰。

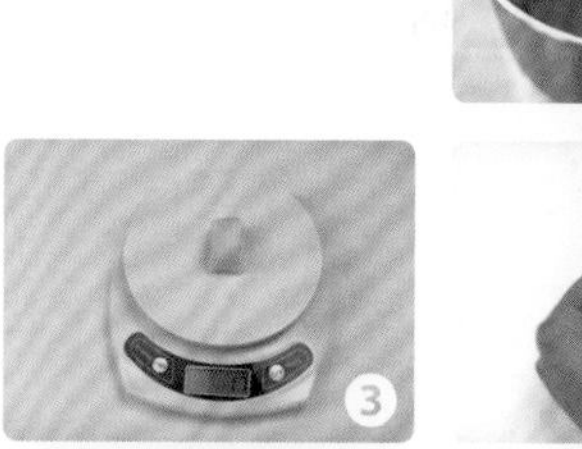

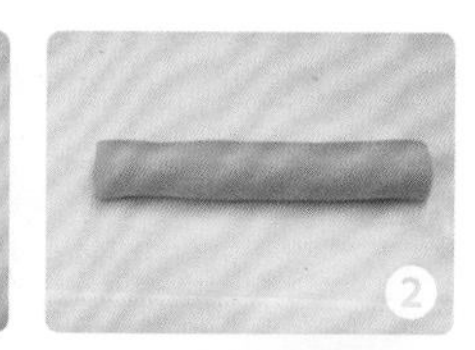

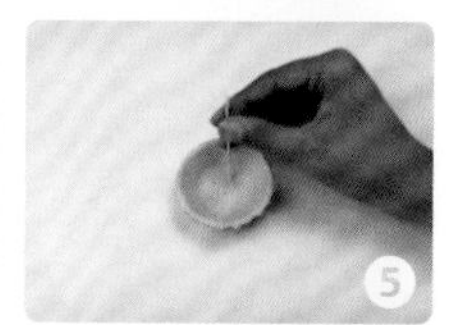

月饼类

◎ 原材料

低筋粉 500 克，糖浆 350 克，碱水 5 克，蛋黄 5 个，色拉油 150 克，莲蓉馅 500 克，鸡蛋 3 个

◎ 必备工具

电子克秤　羊毛刷　白刮板　月饼模具　烤箱　面粉筛

•小提示•

可根据喜好选择不同的果馅。

→制作过程

❶ 面粉过筛后在中间开窝，倒入混合好的碱水、色拉油、鸡蛋、糖浆。
❷ 拌匀成团后醒 30 分钟。
❸ 下成一个个小剂。
❹ 馅心搓成 80 克一个。
❺ 压扁，包裹馅心，接好接口处。
❻ 正面朝下，压入模具，用手压实，码入烤盘。
❼ 放入烤箱烘烤，温度为上火 210℃、下火 180℃。待月饼表面烤至微黄色时，取出刷蛋液，再放入烤箱烘烤，烤至表面金黄色出炉。

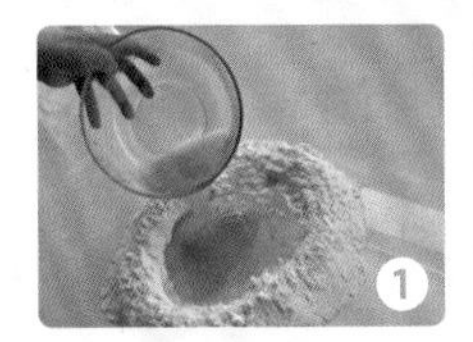

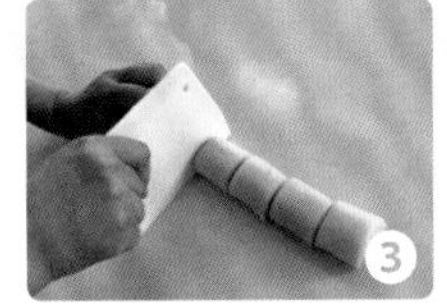

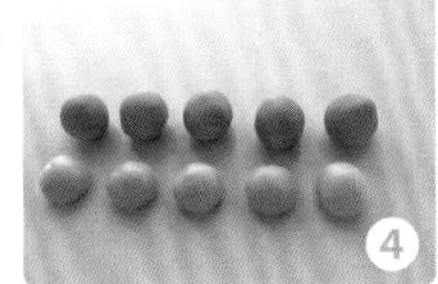

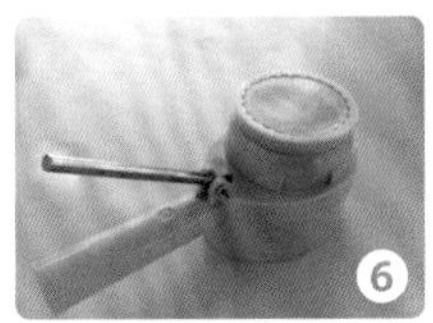

无糖月饼

◎ 原材料

低筋粉 500 克，无糖糖浆 300 克，碱水 5 克，咸鸭蛋黄 5 个，色拉油 200 克，香芋馅适量，鸡蛋 3 个

◎ 必备工具

烤箱　面粉筛　毛刷
烤盘　月饼模具　白刮板
电子克秤

•小提示•

给表面刷蛋液时，不要刷到侧边切口处，否则侧边层次会不清晰。

→制作过程

1. 面粉过筛后在中间开窝，倒入混合好的碱水、色拉油、鸡蛋、无糖糖浆。
2. 拌匀成团后醒 30 分钟。
3. 下成一个个小剂子。
4. 馅心搓成 50 克一个。
5. 皮压扁后包裹馅心，接好接口处。
6. 正面朝下，压入模具，用手压实。
7. 码入烤盘烘烤， 温度为上火 210℃、下火 180℃。待月饼表面烤至微黄色时，取出刷蛋液， 再放入烤箱烘烤，烤至表面金黄色出炉。

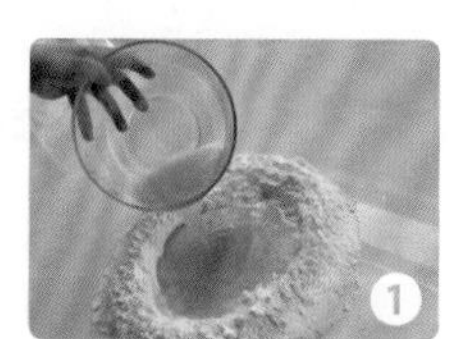

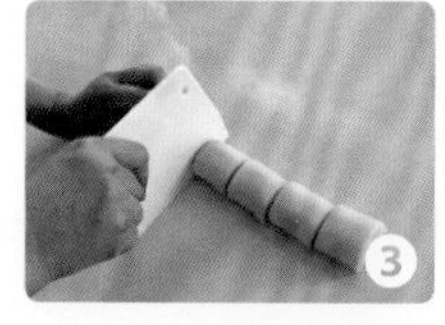

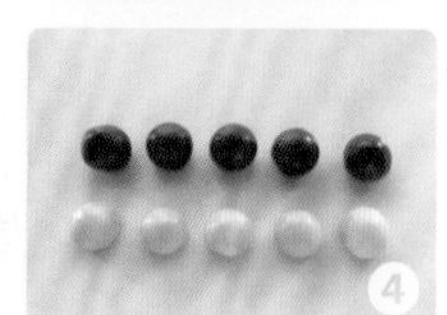

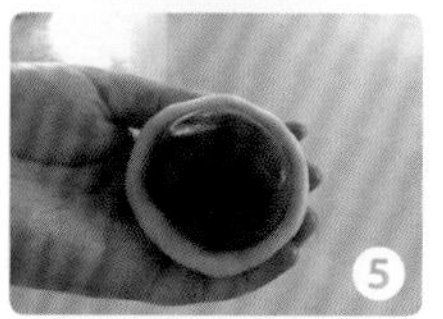

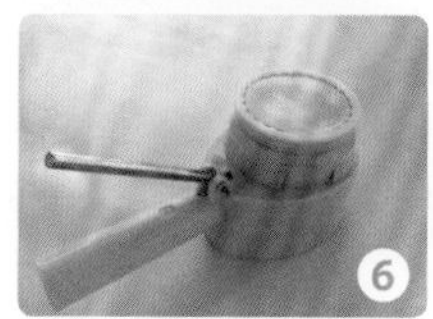

苏式月饼

◎ 原材料

低筋粉 200 克，中筋粉 250 克，猪油 200 克，蛋黄 5 个，水 200 克，五仁馅适量，鸡蛋 3 个

◎ 必备工具

烤箱	烤盘	电子克秤
面粉筛	白刮板	擀面杖

•小提示•

水油皮要软一点。

→ 制作过程

1. 制作水油面：中筋粉中间开窝，加入猪油和水，用手搓匀。
2. 把原料揉成团，放入冰箱冷藏待用。
3. 制作干油面：猪油、低筋粉放在一起。
4. 干油面用搓擦的手法揉成团。
5. 水油面、干油面分别下剂包馅。
6. 捏好收口，折 2~3 折后擀成圆片，包住馅心，并捏好收口。
7. 放入烤盘，用筷子沾上食用色素印字点缀，然后用中火烘烤成熟即可。

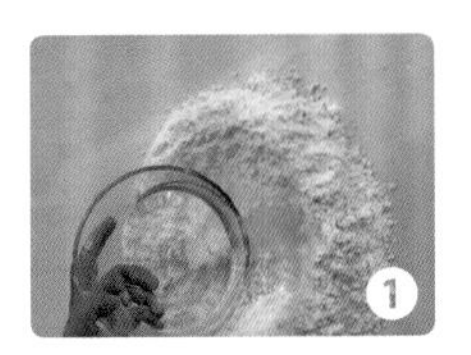

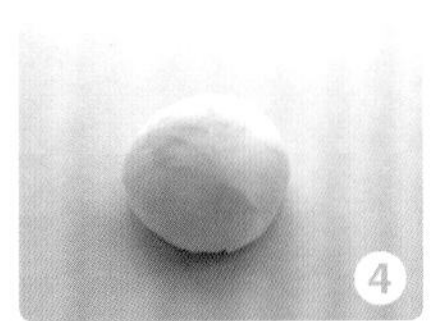

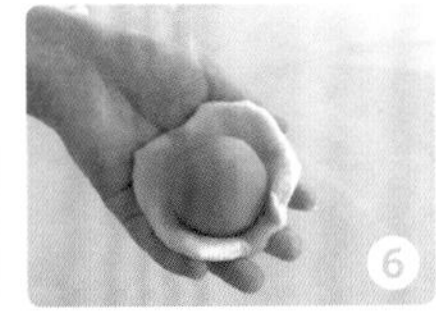

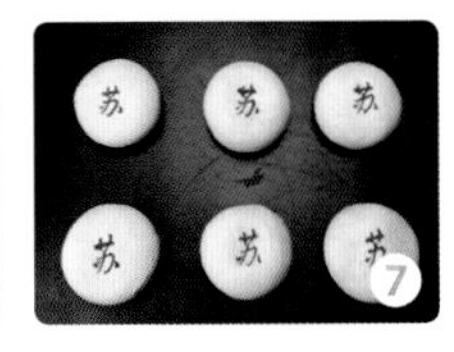

巧克力装饰篇

巧克力的知识

一、巧克力的分类

一般情况下，巧克力可根据成分的不同分为黑巧克力、白巧克力、牛奶巧克力和淡巧克力四种。

二、融化巧克力的方式

巧克力的融化方式一般有隔水融化、巧克力恒温炉融化和微波炉融化。一般情况下很少采用微波炉融化的方式，因为这种方式下温度不好控制，大批量生产巧克力插件时会采用巧克力恒温炉融化的方式，少量生产时采用隔水融化的方式。

三、操作时的注意事项

❶ 隔水融化时，水温不能超过 65℃，否则巧克力会没有光泽并变稠。

❷ 巧克力流动性最好的温度约为 40℃。

❸ 融化巧克力时不能加水、牛奶，否则会出现反砂现象，不利于操作。

❹ 融化巧克力时最好向同一个方向搅拌，以减少巧克力中包入过多的空气。

❺ 操作时室温最好控制在 22℃ ~25℃。

四、操作工具介绍

❶ 直尺

由塑料材质构成，便于走直线。

❷ 抹刀

由不锈钢材质和木质材料构成，蛋糕和巧克力抹面时使用。

❸ 小刀

用于给巧克力面画直线。

❹ 水彩笔

巧克力着色时使用。

❺ 魔法棒

木质材料，做各种巧克力造型时使用。

❻ 锯齿刮板

塑料材质，给巧克力面做各种花纹时使用。

❼ 铲刀

刀面为不锈钢材质，坚固耐用，用于铲各种造型的巧克力插件和巧克力花。

❽ 光圾

不锈钢材质，一套共九个，大小不一，用于给巧克力做造型。

巧克力造型

兔耳

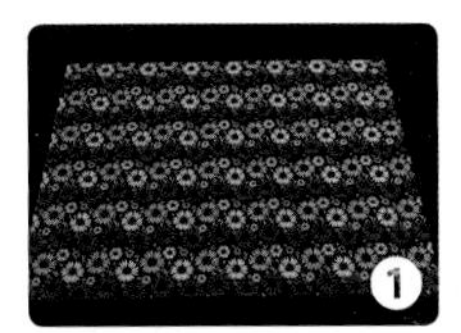

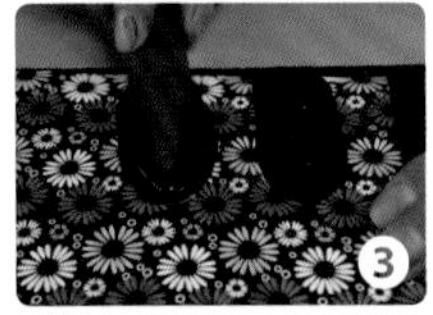

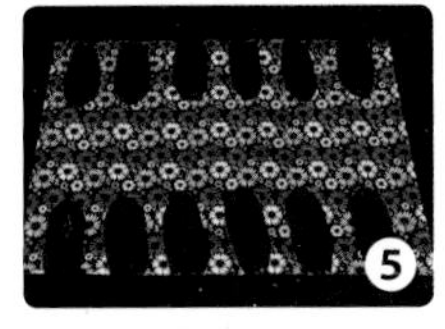

→使用过程

❶ 取一张转印纸放在大理石板上，平铺整齐。

❷ 黑色巧克力隔水融化成液态，将巧克力淋在魔法棒的大头上。

❸ 将粘有巧克力的魔法棒粘贴在转印纸上，然后翘起魔法棒将其撤离。

❹ 重复此动作，做出几片巧克力插件。

❺ 将做好的巧克力插件放入冰箱中冷冻半分钟后取出。

❻ 将冻好的巧克力插件从转印纸上剥离。

弹簧卷

→制作过程

❶ 取出一张慕斯围边放在大理石上。

❷ 将融化好的巧克力倒在慕斯围边上，控制好量。

❸ 用抹刀将巧克力抹成半干状态，使巧克力的韧性较好，巧克力面厚薄度一致。

❹ 重复此动作，使巧克力面厚度约为 2 毫米。

❺ 用直尺、小刀在巧克力面上刻画出三角形，一头大，一头小。

❻ 刻画完以后的造型如图所示。

❼ 在巧克力面未干之前，将其放在一个圆筒中定型，做成弹簧形状。

❽ 将其放入冰箱中冷冻半分钟后取出。

❾ 将弹簧表面的慕斯围边剥离即可。

音符

→制作过程

1. 取出一张转印纸贴在大理石上。
2. 将融化好的巧克力装入裱花袋中，并剪出小口，在转印纸上画出音符形状。
3. 重复此动作，做出更多的音符巧克力插件。
4. 将做好的巧克力插件放入冰箱中冷冻半分钟后取出。
5. 将转印纸剥离。

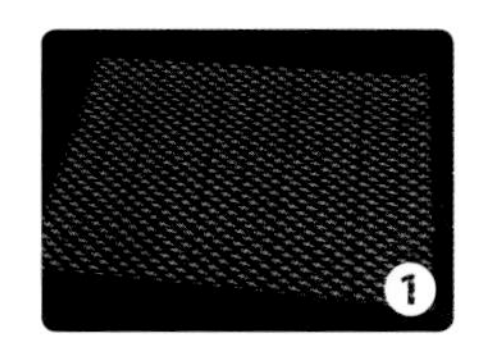

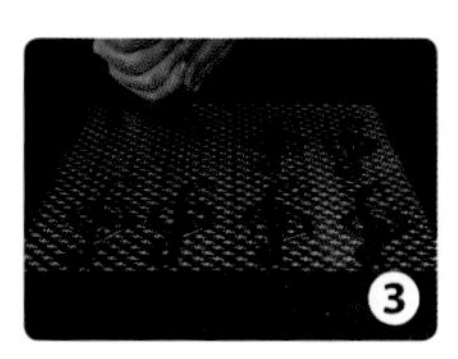

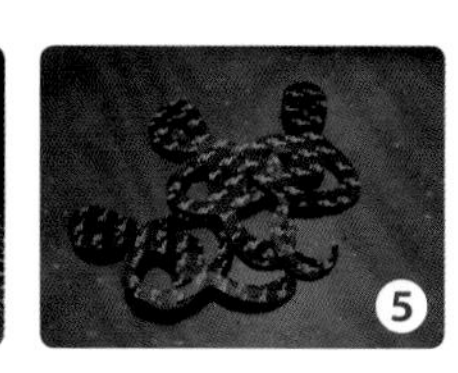

彩网

→ 制作过程

1. 取出一张转印纸贴在大理石上。
2. 将融化好的巧克力装入裱花袋中，并剪出小口，在转印纸上画直线，速度要快。
3. 从另一个角度上画直线，使巧克力线条交错，重复此动作，做出第二个。
4. 巧克力线条首尾相连，做成一个卷筒，使其定型。
5. 放入冰箱半分钟后取出，剥离转印纸即可。

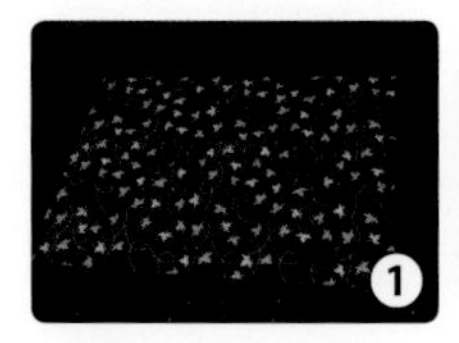

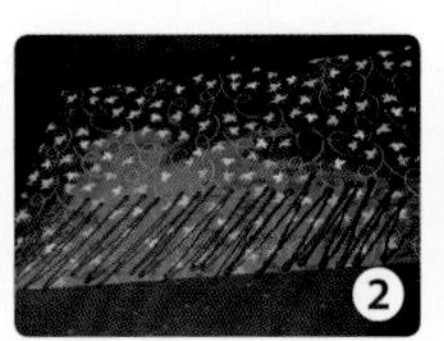

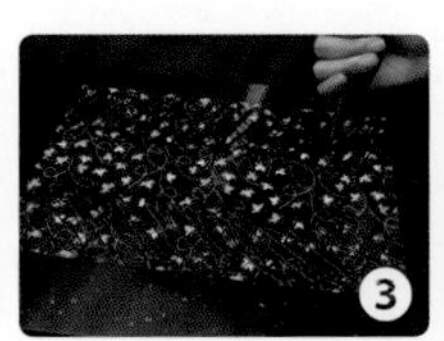

→ 制作过程

❶ 取出一张转印纸贴在硬板上。

❷ 将融化好的巧克力倒在上面，巧克力的量要足够。

❸ 用抹刀将巧克力抹平，来回抹，使巧克力的面变干、韧性变好。

❹ 重复上面的动作，直到达到一定的厚度。

❺ 用直尺和小刀画出所需要的大小，形状为三角形。

❻ 将其放入冰箱冷冻片刻后取出。

❼ 将巧克力上的转印纸撕开，完成巧克力插件的制作。

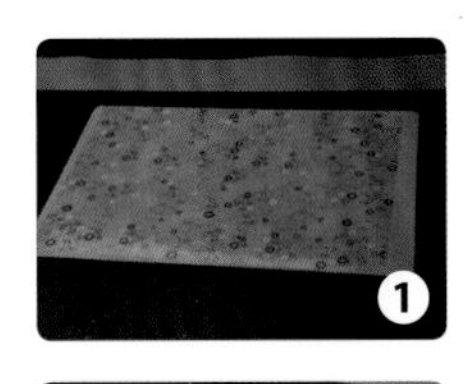

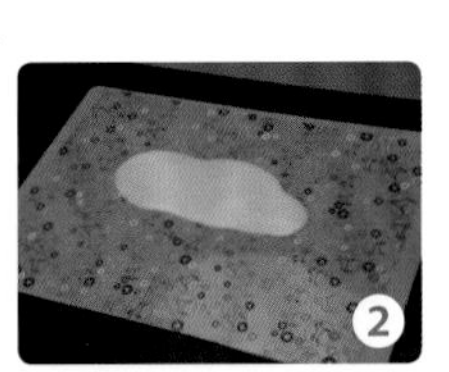

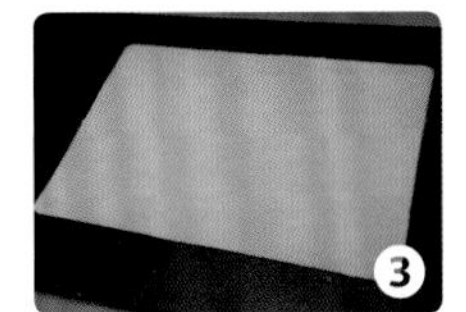

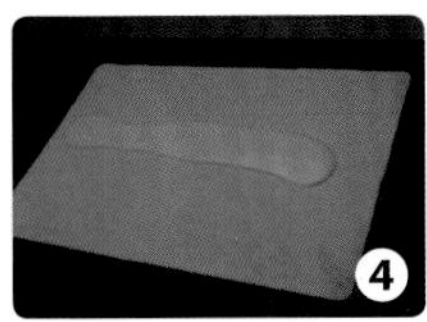

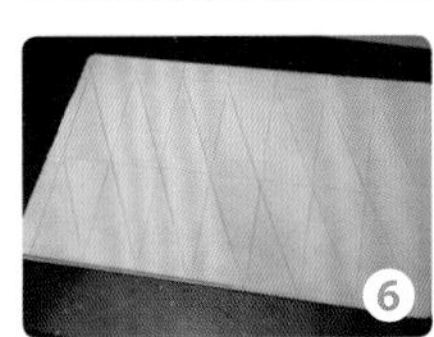

→制作过程

❶ 取出一张转印纸贴在大理石上。

❷ 将融化好的巧克力装入裱花袋中，并剪出小口，在转印纸上挤出雪花状。

❸ 在转印纸上挤满雪花状巧克力，放入冰箱中冷冻半分钟。

❹ 将巧克力上的转印纸撕开，完成巧克力插件的制作。

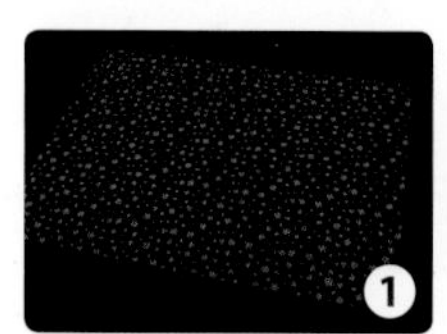

圆形

→ 制作过程

❶ 取出一张转印纸贴在大理石上。

❷ 将融化好的巧克力倒在上面，巧克力的量要足够。

❸ 用抹刀将巧克力抹平，厚薄度要一致，来回抹巧克力面，使巧克力韧性变好。

❹ 重复上面的动作，直到达到一定的厚度。

❺ 巧克力面厚度约 2 毫米。

❻ 用光级在表面压出圆形，放入冰箱中冷冻 1 分钟左右。

❼ 将巧克力上的转印纸撕开，完成巧克力插件的制作。

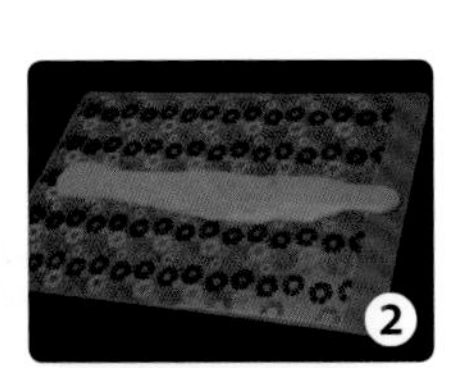

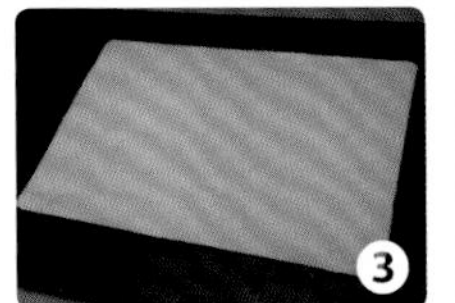

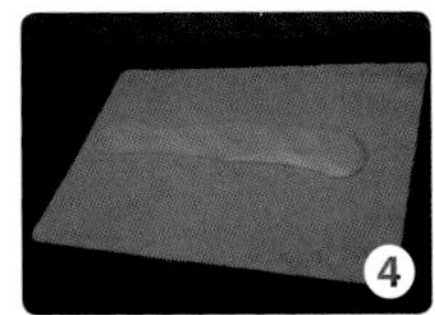

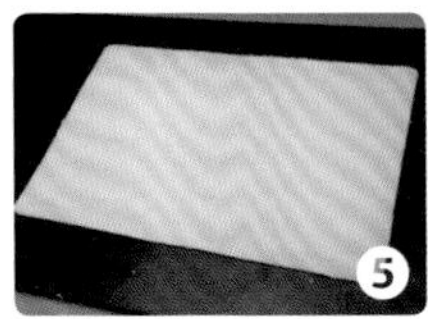

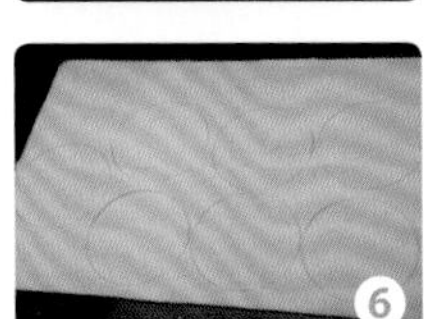

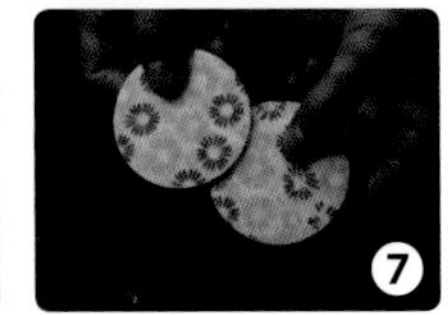

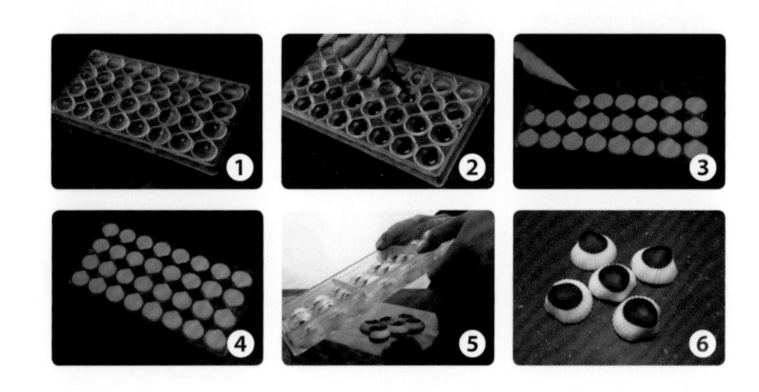

→制作过程

❶ 取出一个贝壳巧克力模具放在大理石上。

❷ 将融化好的黑巧克力装入裱花袋中，并剪出小口，挤一点巧克力到巧克力模具中。

❸ 按照如图方式拿住裱花袋，待黑巧克力凝固后挤上白巧克力，将模具填满。

❹ 将巧克力模具放入冰箱中冷冻至巧克力凝固。

❺ 取出巧克力模具，按照如图方式将巧克力脱模。

❻ 制作好的巧克力插件。

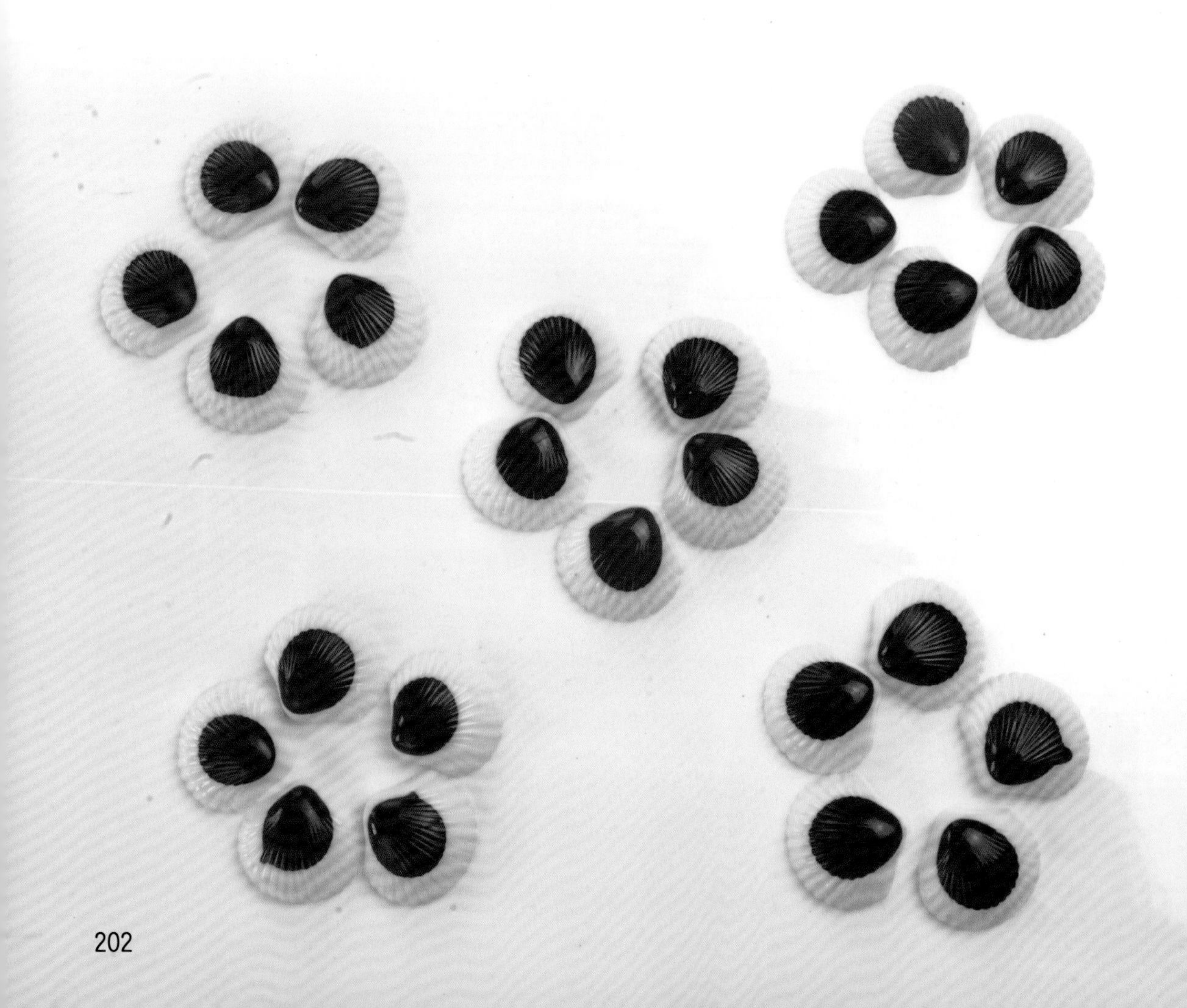

烟卷

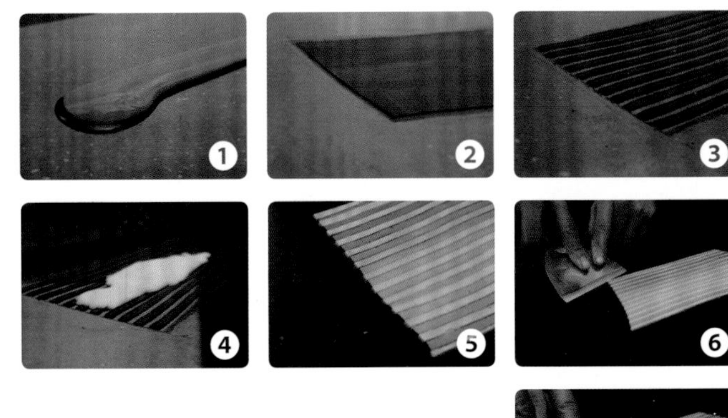

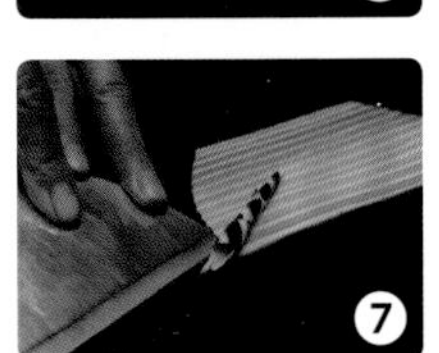

→ 制作过程

❶ 将巧克力融化成液态，倒在大理石板上。

❷ 用抹刀来回地将大理石板上的巧克力抹干，厚薄度一致，使巧克力的韧性增强。

❸ 用锯齿刮板在巧克力面上推出花纹。

❹ 将融化好的白巧克力倒在黑巧克力上，注意控制好白巧克力的温度。

❺ 用抹刀将其抹平，巧克力面要光滑，厚薄要一致。

❻ 铲刀与巧克力面角度约为 45°。

❼ 用力推出铲刀使巧克力打卷，完成巧克力插件的制作。

扇形

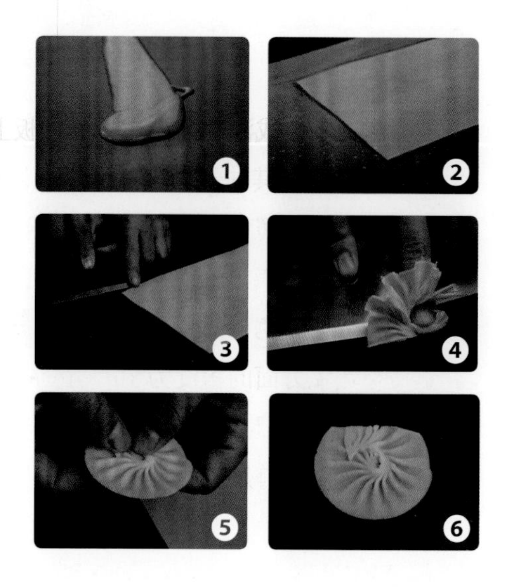

→ 制作过程

❶ 将巧克力融化成后倒在大理石板上。

❷ 用抹刀将巧克力来回地抹干，巧克力面要厚薄一致，并注意将巧克力边缘修饰干净。

❸ 注意控制来回抹巧克力的时间，将其韧性抹出来即可，铲刀与巧克力面的角度为 10° ~15° 。

❹ 用力推出铲刀，铲出花型。

❺ 用手将扇形巧克力插件修饰平整。

❻ 制作好的巧克力插件。

五瓣花

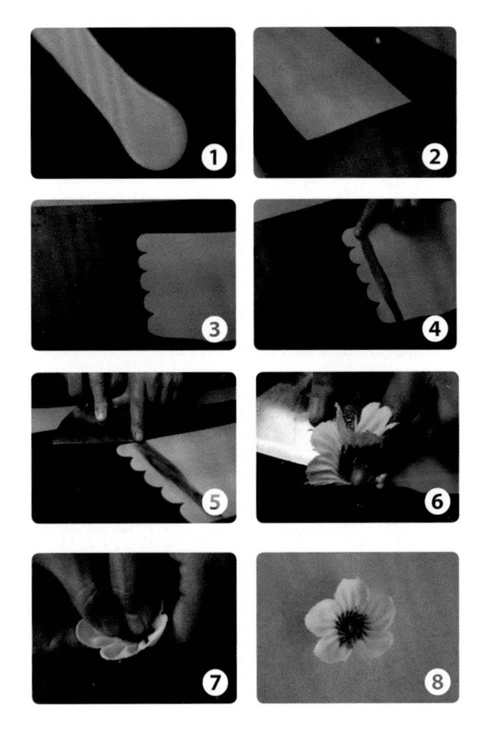

→制作过程

❶ 将巧克力融化成液态后倒在大理石板上。
❷ 用抹刀来回将其抹干，厚薄要一致，注意控制来回抹巧克力的时间，将其韧性抹出来即可。
❸ 用铲刀铲出五个花瓣。
❹ 给巧克力面上色，用手指将色素晕开。
❺ 铲刀与巧克力面的角度为 10°~15°。
❻ 快速地推出铲刀，铲出花型。
❼ 将巧克力花瓣首尾相连，做成一个环形花。
❽ 成品如图所示。

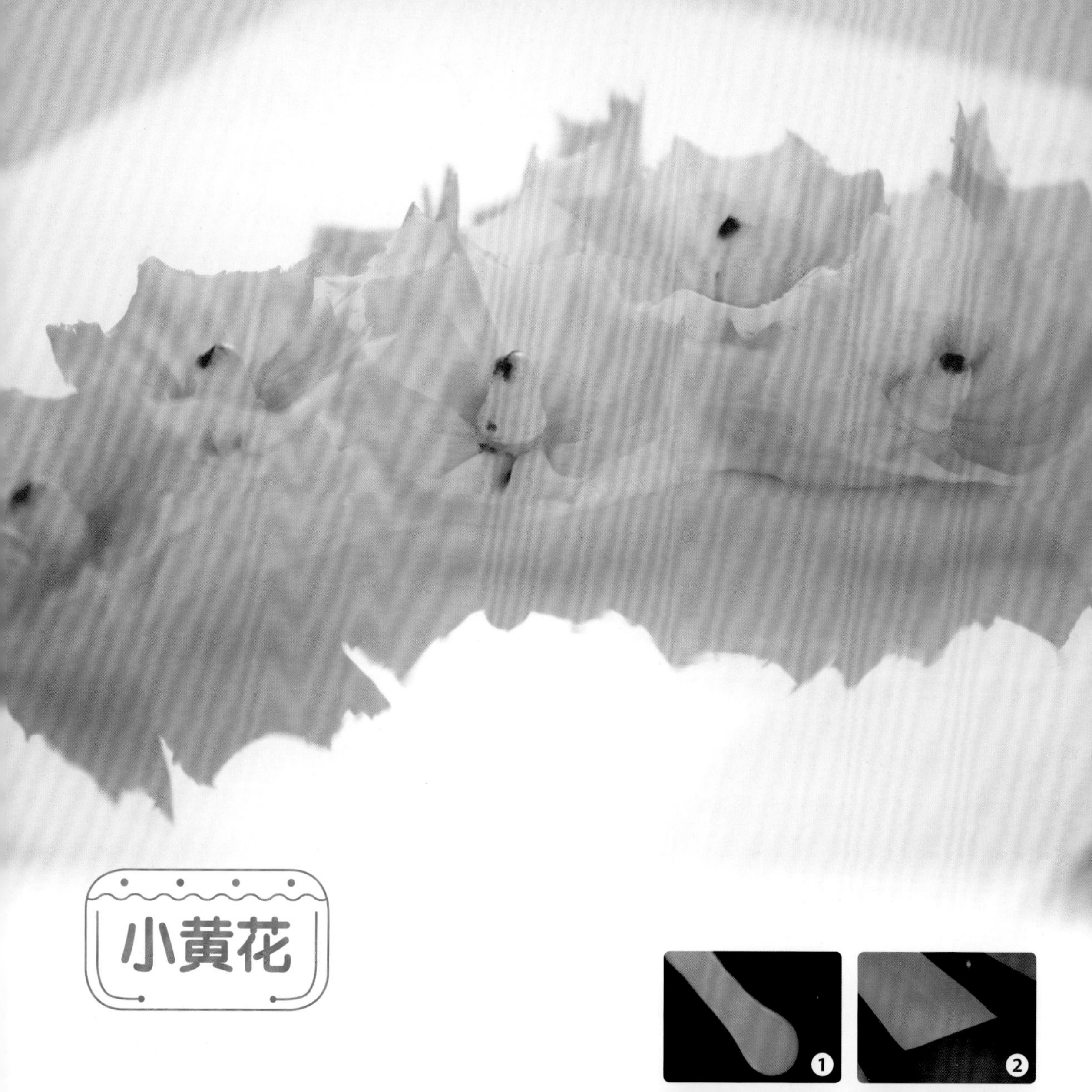

小黄花

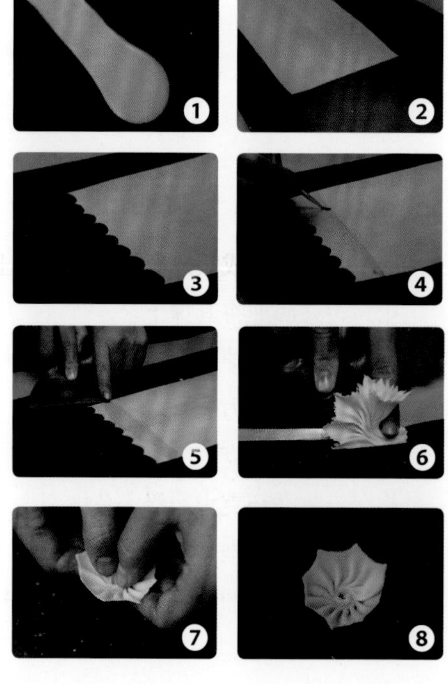

→制作过程

❶ 将巧克力融化成液态后倒在大理石板上。
❷ 用抹刀来回地抹干，巧克力面厚薄要一致，并要将巧克力边缘修饰干净。
❸ 用铲刀在巧克力面上修出花纹，大小一致。
❹ 在巧克力面上涂上黄色色素，并将色素晕开。
❺ 铲刀与巧克力面的角度为 10° ~15° 。
❻ 用力推出铲刀，铲出花型。
❼ 将巧克力花瓣首尾相连，速度要快。
❽ 制作好的巧克力插件。

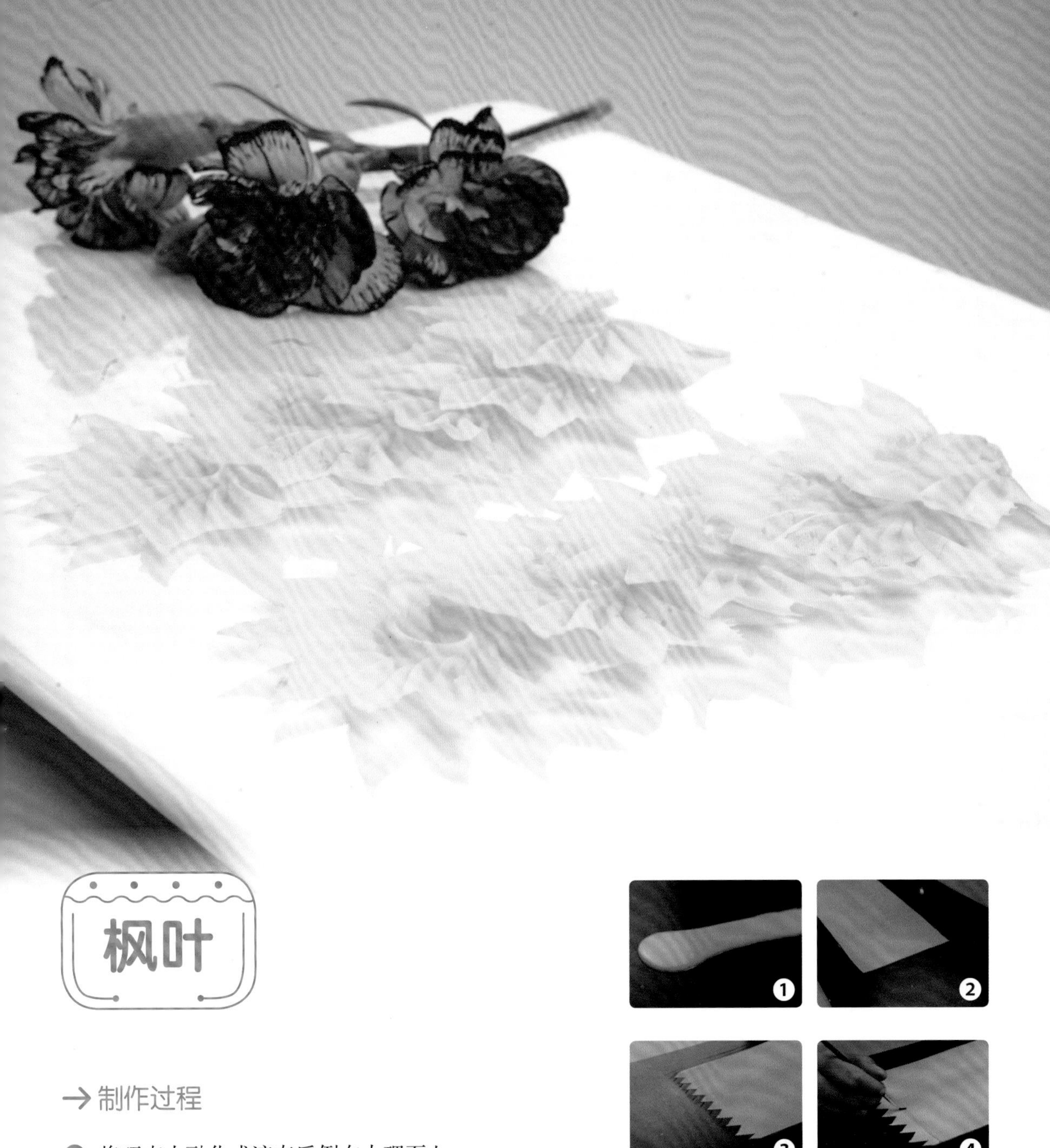

枫叶

→ 制作过程

1. 将巧克力融化成液态后倒在大理石上。
2. 用抹刀来回地将其抹干。
3. 注意控制来回抹巧克力的时间，将其韧性抹出来即可，用铲刀将巧克力边缘修光滑，修出花边。
4. 用水彩笔给巧克力上色。
5. 将铲刀放在巧克力边缘，角度为 10° ~15° 。
6. 快速地将铲刀推出，铲出巧克力花瓣。
7. 迅速地将铲出的巧克力花瓣整理成型。
8. 成品如图所示。

百合花

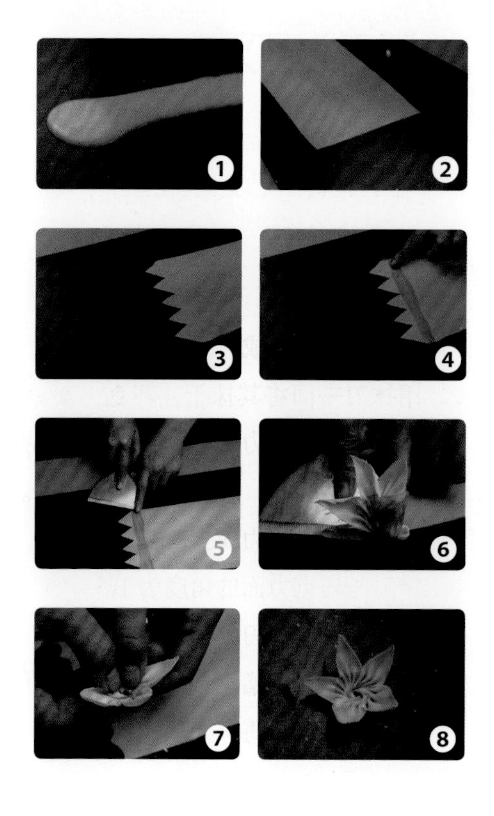

→ 制作过程

❶ 将巧克力融化成液态后倒在大理石上。
❷ 用抹刀来回地将其抹干。
❸ 注意控制来回抹巧克力的时间，将其韧性抹出来，用铲刀将巧克力边缘修光滑，修出花边，大小一致。
❹ 给巧克力上色，用手指将色素晕开。
❺ 铲刀与巧克力面的角度为 10° ~15° 。
❻ 快速地将铲刀推出，铲出巧克力花瓣。
❼ 迅速地将铲出的巧克力花瓣首尾相连，形成环形花。
❽ 成品如图所示。

巧克力康乃馨

→制作过程

❶ 将巧克力融化成液态后倒在大理石上。
❷ 用抹刀来回将其抹干，巧克力面厚薄一致。注意控制来回抹巧克力的时间，将其韧性抹出来即可。
❸ 给巧克力上色，用手指将色素晕开。
❹ 用铲刀在巧克力面上修出花边。
❺ 铲刀与巧克力面的角度为 10° ~15°。
❻ 快速地推出铲刀，铲出花型。
❼ 用手将其打成褶皱，做成小花瓣，粘在米托上。
❽ 重复此动作，将其做成一朵康乃馨。

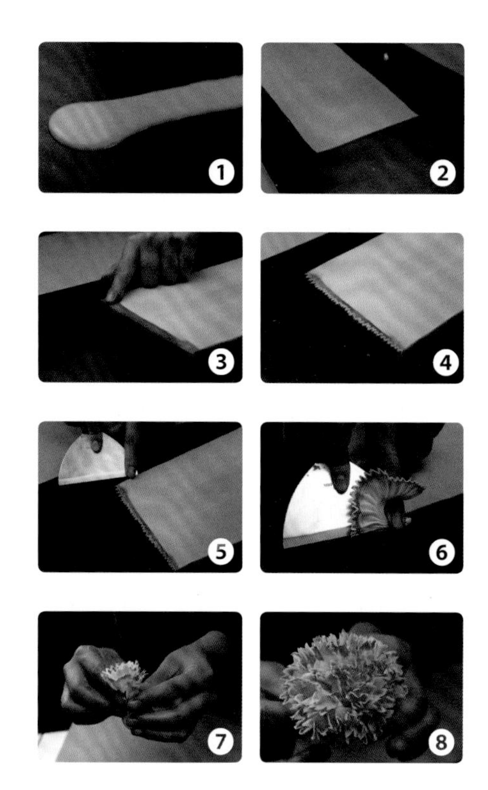

图书在版编目（CIP）数据

西点烘焙制作 / 新东方烹饪教育组编. —增订版. —北京：中国人民大学出版社，2018.10
ISBN 978-7-300-26341-0

Ⅰ. ①西… Ⅱ. ①新… Ⅲ. ① 西点－烘焙 Ⅳ. ① TS213.2

中国版本图书馆CIP数据核字(2018)第236498号

西点师成长必修课程系列
西点烘焙制作（增订版）
新东方烹饪教育 组编
Xidian Hongbei Zhizuo

出版发行	中国人民大学出版社		
社　　址	北京中关村大街31号	**邮政编码**	100080
电　　话	010-62511242（总编室）		010-62511770（质管部）
	010-82501766（邮购部）		010-62514148（门市部）
	010-62515195（发行公司）		010-62515275（盗版举报）
网　　址	http://www.crup.com.cn		
	http://www.ttrnet.com（人大教研网）		
经　　销	新华书店		
印　　刷	涿州市星河印刷有限公司	**版　　次**	2016年10月第1版
规　　格	185mm × 260mm 16开本		2018年10月第2版
印　　张	13.75	**印　　次**	2024年12月第10次印刷
字　　数	295000	**定　　价**	56.00元

版权所有　侵权必究　印装差错　负责调换